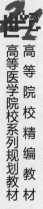

高等医学院校系列规划教材

高等院校精编教材

FENXI HUAXUE

XUEXI ZHIDAO YU SHIYAN JIAOCHENG

分析化学学习指导与实验教程

任丽英◎主　编

王　坤　李倩倩　马　允◎副主编

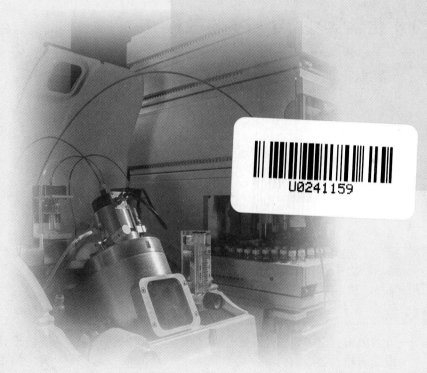

U0241159

北京师范大学出版集团
BEIJING NORMAL UNIVERSITY PUBLISHING GROUP
安徽大学出版社

图书在版编目(CIP)数据

分析化学学习指导与实验教程/任丽英主编. —合肥:安徽大学出版社,2019.9

ISBN 978-7-5664-1873-9

Ⅰ.①分… Ⅱ.①任… Ⅲ.①分析化学—化学实验—高等职业教育—教材

Ⅳ.①O652.1

中国版本图书馆 CIP 数据核字(2019)第 107441 号

分析化学学习指导与实验教程

任丽英 主编

出版发行:	北京师范大学出版集团	
	安 徽 大 学 出 版 社	
	(安徽省合肥市肥西路 3 号 邮编 230039)	
	www.bnupg.com.cn	
	www.ahupress.com.cn	
印　　刷:	安徽省人民印刷有限公司	
经　　销:	全国新华书店	
开　　本:	184mm×260mm	
印　　张:	9.5	
字　　数:	161 千字	
版　　次:	2019 年 9 月第 1 版	
印　　次:	2019 年 9 月第 1 次印刷	
定　　价:	28.00 元	

ISBN 978-7-5664-1873-9

策划编辑: 刘中飞　胡云飞　武溪溪		**装帧设计:** 李　军	
责任编辑: 武溪溪		**美术编辑:** 李　军	
责任印制: 赵明炎			

前　言

　　本书紧扣教学内容,严格按照教学大纲要求的范围和深度,注重试题的严谨性和准确性,精选实验内容,关注学生的特点和职业需求。学生通过本书的学习,可以加深对分析化学基础理论、基本知识的理解,正确和较熟练地掌握分析化学实验技能和基本操作,提高观察能力以及分析和解决问题的能力,培养学生严谨的工作作风和实事求是的科学态度,树立严格的"量"的概念,为学习后继课程和实际工作打下良好的基础。

　　本书分为上下两篇,共分 15 章 15 个实验。上篇为学习指导,包括误差和分析数据的处理、滴定分析概论、酸碱滴定法、配位滴定法、氧化还原滴定法、沉淀滴定法与重量分析法、电位法与永停滴定法、紫外—可见分光光度法、分子荧光分析法、红外分光光度法、原子吸收分光光度法、经典液相色谱法、气相色谱法和高效液相色谱法。书中总结了分析化学的主要基本概念和知识点,安排了配套习题及较详细的答案,对学生巩固所学知识和自我检查学习效果,将提供有益的帮助。下篇为实验教程,内容主要包括分析仪器和基本操作、定量分析的基本操作练习、滴定分析实验、仪器分析实验。本书实验的主要内容配合理论课,注意理论与实际相联系,使理论课中重要理论和知识通过实验能进一步巩固、扩大和深化,培养学生分析问题、解决问题的能力。本书是高职高专、专升本及成人教育学习分析化学知识的必要参考书,也可供相关专业教学人员阅读参考。

　　由于编者水平有限,书中难免有不妥和疏漏之处,恳请广大师生和读者批评指正!

编　者

2019 年 3 月

目　录

第一部分　学习指导

第二部分　实验教程

第一部分 学习指导

第一章 绪 论

>>> **考试大纲要求**

1.熟悉分析化学的任务、分析方法分类及各方法的特点。

2.熟悉分析化学在药学中的作用以及定量分析的一般步骤。

3.了解分析化学的发展趋势。

>>> **内容提要**

1.分析化学及其任务、作用和发展趋势。

2.分析化学的分类方法。

3.分析过程和步骤:明确任务,制订计划,进行分析实验(包括取样、试样制备和分析测定),结果的计算和表达。

4.分析化学的学习方法。

>>> **配套习题**

一、名词解释

1.仪器分析

2.定性分析

3.定量分析

4. 化学分析

5. 结构分析

二、填空题

1. 化学分析法的主要特点是_____、_____、_____和_____。

2. 有机化学分析不仅有元素分析，还有_____和_____分析。

3. 分析化学是研究物质的组成、_____、_____和_____等化学信息的分析方法及理论的一门科学。

三、选择题

1. 按任务分类的分析方法是　　　　　　　　　　　　　　　　（　　）

A. 无机分析与有机分析　　　　　B. 定性分析、定量分析和结构分析

C. 常量分析与微量分析　　　　　D. 化学分析与仪器分析

2. 在半微量分析中，对固体物质称量范围的要求是　　　　　　（　　）

A. 0.01～0.1 g　　　　　　　　　B. 0.1～1 g

C. 0.001～0.01 g　　　　　　　　D. 0.00001～0.0001 g

3. 滴定分析属于　　　　　　　　　　　　　　　　　　　　　（　　）

A. 重量分析　　　　　　　　　　B. 电化学分析

C. 化学分析　　　　　　　　　　D. 光学分析

4. 鉴定物质的组成属于　　　　　　　　　　　　　　　　　　（　　）

A. 定性分析　　　　　　　　　　B. 定量分析

C. 重量分析　　　　　　　　　　D. 化学分析

5. 测定 0.2 mg 样品中被测组分的含量，按取样量的范围分类应为　（　　）

A. 常量分析　　　　　　　　　　B. 半微量分析

C. 超微量分析　　　　　　　　　D. 微量分析

6. 用 pH 计测定溶液的 pH，属于　　　　　　　　　　　　　　（　　）

A. 定性分析　　　　　　　　　　B. 滴定分析

C. 结构分析　　　　　　　　　　D. 仪器分析

7. 测定食盐中氯化钠的含量应选用　　　　　　　　　　　　　（　　）

A. 定性分析　　　　　　　　　　B. 定量分析

C. 结构分析　　　　　　　　D. 仪器分析

8. 下列分析方法中按对象分类的是　　　　　　　　　（　　）

A. 结构分析　　　　　　　　B. 化学分析

C. 仪器分析　　　　　　　　D. 有机分析

9. 下列分析方法中,被称为经典分析法的是　　　　　　（　　）

A. 光学分析　　　　　　　　B. 重量分析

C. 电位分析　　　　　　　　D. 色谱分析

10. 按被测组分含量来分,分析方法中常量组分分析是指含量　（　　）

A. $<0.1\%$　　　　　　　　B. 0.1%

C. 1%　　　　　　　　　　D. $>1\%$

11. 若被测组分含量为 $1\%\sim0.01\%$,则对其进行分析属于　（　　）

A. 微量分析　　　　　　　　B. 微量组分分析

C. 痕量组分分析　　　　　　D. 半微量分析

四、简答题

1. 随着科学技术的发展,仪器分析是否会完全取代化学分析? 为什么?

2. 阐述分析方法的分类。

第二章　误差和分析数据的处理

>>> 考试大纲要求

1. 掌握误差的产生、种类、表示方法及相互关系。

2. 熟练运用有效数字知识进行数据处理及分析结果的表示。

3. 了解数据的统计处理基本知识，能对分析结果做出正确、科学的评价。

4. 熟悉偶然误差的正态分布和 t 分布、置信区间的含义及表示方法、显著性检验的目的和方法、可疑值的取舍方法、分析数据统计处理的基本程序等。

>>> 内容提要

1. 误差的基本概念。

2. 准确度与误差。

3. 精密度与偏差。

4. 系统误差与偶然误差。

5. 准确度与精密度的关系。

6. 误差的传递和提高分析结果准确度的方法。

7. 有效数字保留、修约及运算规则。

8. 偶然误差的正态分布和 t 分布。

9. 置信水平与显著性水平；置信区间与置信限；显著性检验包括 t 检验和 F 检验。

>>> 配套习题

一、名词解释

1. 系统误差

2. 偶然误差

3. 精密度

4. 准确度

5. 空白试验

6. 对照试验

7. 有效数字

二、填空题

1. 准确度是指测量值与_____接近的程度,用_____来衡量。

2. 偏差的大小是衡量_____高低的尺度。

3. 系统误差可分为_____、_____、_____和_____。

4. 分析过程中,下列情况各造成什么误差:天平的砝码受腐蚀_____;指示剂的变色范围没有跨过计量点_____;用含量为 97% 的硼砂作为基准物质标定盐酸的浓度_____;试样未混合均匀_____。

5. 有效数字的修约采用_____规则。

6. Q 检验与_____常用于_____取舍。

7. 分析数据的显著性检验常用_____和_____。

8. 指出下列有效数字的位数:0.0257 _____;40.52% _____;pH=7.1 _____;5.24×10^{-10} _____。

9. 将下列数字全部修约成四位有效数字:0.53664 _____;10.2750 _____;18.06501 _____;标准偏差 11.143 _____。

10. 通过_____、_____、_____和_____等方法可消除系统误差。

11. 偶然误差的特点有:_____、_____和_____。

三、选择题

1. 砝码被腐蚀引起的误差属于 （　　）
   A. 方法误差　　　　B. 试剂误差　　　　C. 仪器误差　　　　D. 操作误差

2. 空白试验能减小 （　　）
   A. 偶然误差　　　　B. 仪器误差　　　　C. 方法误差　　　　D. 试剂误差

3. 由滴定终点与计量点不吻合造成的误差属于 （　　）
   A. 偶然误差　　　　B. 仪器误差　　　　C. 操作误差　　　　D. 方法误差

4. 下列情况的误差不属于系统误差的是 （　　）
   A. 滴定时消耗标准溶液的体积超出滴定管的容量
   B. 砝码被磨损
   C. 试剂含有被测组分或干扰物
   D. 标准溶液未充分摇匀

5. 减小偶然误差的方法包括 （　　）
   A. 回收试验　　　　　　　　　　B. 多次测定取平均值
   C. 空白试验　　　　　　　　　　D. 对照试验

6. 在标定 HCl 溶液浓度时,某同学的 4 次测定结果分别为 0.1018 mol/L、
   0.1017 mol/L、0.1018 mol/L、0.1019 mol/L,而准确浓度为 0.1036 mol/L,
   该同学的测量结果为 （　　）
   A. 准确度较好,但精密度较差　　　B. 准确度较好,精密度也好
   C. 准确度较差,但精密度较好　　　D. 准确度较差,精密度也较差

7. 精密度表示方法不包括 （　　）
   A. 绝对偏差　　　　B. 相对误差　　　　C. 相对平均偏差　　D. 标准偏差

8. 下列叙述中,错误的是 （　　）
   A. 偶然误差的分布规律呈正态分布
   B. 仪器分析的准确度高于常量分析
   C. 误差和偏差分别表示准确度与精密度的高低
   D. 分析化学从方法原理方面可分为化学分析法和仪器分析法

9. 2.0 L 溶液用毫升表示,正确的表示方法是 （　　）
   A. 2000 mL　　　B. 2000.0 mL　　　C. 2.0×10^3 mL　　D. 20×10^2 mL

10. 对定量分析结果的相对平均偏差的要求,通常是 （　　）
    A. $\geqslant 0.2\%$　　　B. $\geqslant 0.02\%$　　　C. $\leqslant 0.2\%$　　　D. $\leqslant 0.02\%$

11. 用两种方法分析某试样中 NaOH 的含量,得到两组分析数据,欲判断两种
    方法之间是否存在显著性差异,应该选择下列哪种方法 （　　）
    A. t 检验法　　　　　　　　　　B. F 检验法和 t 检验法

C. F 检验法　　　　　　　　　　D. Q 检验法

12. 下列有关置信区间的定义,正确的是　　　　　　　　　　　（　　）

　　A. 以真值为中心的某一区间包括测定结果的平均值的概率

　　B. 在一定置信度时,以测量值的平均值为中心包括总体平均值的范围

　　C. 真值落在某一可靠区间的概率

　　D. 以测量值的平均值为中心的区间范围

13. 某同学用 Q 检验法判断可疑值的取舍,分以下几步进行,其中错误的是

　　　　　　　　　　　　　　　　　　　　　　　　　　　　　（　　）

　　A. 将测量数据按大小顺序排列　　B. 计算出可疑值与邻近值之差

　　C. 计算舍弃商 $Q_{计}$　　　　　　　D. 查表得 $Q_{表}$,$Q_{表} \geq Q_{计}$ 舍弃可疑值

14. 某试样中 Ca^{2+} 含量平均值的置信区间为 $42.26\% \pm 0.10\%$（置信度为 95%）,关于此结果下列表述正确的是　　　　　　　　　　　（　　）

　　A. 在 95% 的置信度下,试样中 Ca^{2+} 的含量在 $42.16\% \sim 42.36\%$ 之间

　　B. 总体平均值落在此区间的概率为 10%

　　C. 在此区间内的测量值不存在误差

　　D. 有 95% 的把握,试样中 Ca^{2+} 的含量为 42.26%

15. 按有效数字运算规则,算式 $\dfrac{(25.42-20.7) \times 40.00}{0.1025 \times 1000}$ 的计算结果应为（　　）位有效数字。

　　A. 一　　　　　　B. 二　　　　　　C. 三　　　　　　D. 四

16. 滴定管的初读数为 (5.00 ± 0.02) mL,终读数为 (10.00 ± 0.02) mL,测量体积的相对误差是　　　　　　　　　　　　　　　　　　（　　）

　　A. 0.8%　　　B. 0.4%　　　C. 0.2%　　　D. 0.1%

17. 某四次平行测量的结果为 19.96%、20.05%、20.07% 和 20.24%,用 Q 检验法判断,应舍弃的可疑值是（$Q_{0.90}=0.76$）　　　　　　（　　）

　　A. 19.96%　　　　　　　　　　B. 20.24%

　　C. 19.96% 和 20.24%　　　　　　D. 没有

18. 用 20 mL 移液管移出的溶液体积应记录为　　　　　　　　　（　　）

　　A. 20 mL　　　B. 20.0 mL　　　C. 20.00 mL　　　D. 20.000 mL

19. 以下不属于偶然误差规律特点的是　　　　　　　　　　　　（　　）

　　A. 数值随机可变

　　B. 对测量结果的影响固定

　　C. 大误差出现的概率小,小误差出现的概率大

　　D. 数值相等的正、负误差出现的概率均等

20. 按 Q 检验法($n=4$ 时,$Q_{0.90}=0.76$)舍弃可疑值,下列数据中有可疑值并应予以舍弃的是　　　　　　　　　　　　　　　　　　　　(　　)

　　A. 4.03、4.04、4.05、4.13

　　B. 97.50%、98.50%、99.00%、99.50%

　　C. 0.1002、0.1010、0.1018、0.1020

　　D. 0.2204、0.2206、0.2212、0.2216

21. 可用下列何种方法减免分析测试中的系统误差　　　　　　(　　)

　　A. 进行仪器校正　　　　　　　　　B. 增加测定次数

　　C. 认真细心操作　　　　　　　　　D. 测定时保证环境的湿度一致

22. 偶然误差具有　　　　　　　　　　　　　　　　　　　　(　　)

　　A. 可测性　　　　B. 重复性　　　　C. 非单向性　　　　D. 可校正性

23. 在进行样品称量时,由于汽车经过天平室附近引起天平震动属于　(　　)

　　A. 系统误差　　　B. 偶然误差　　　C. 过失误差　　　D. 操作误差

24. 下列叙述中错误的是　　　　　　　　　　　　　　　　　(　　)

　　A. 方法误差属于系统误差　　　　　B. 终点误差属于系统误差

　　C. 系统误差呈正态分布　　　　　　D. 系统误差可以测定

25. 下面数值中,有效数字为四位的是　　　　　　　　　　　(　　)

　　A. $\omega_{CaO}=25.30\%$　　　　　　　　B. pH=11.50

　　C. $\pi=3.141$　　　　　　　　　　　D. 1000

四、综合题

1. 如何正确理解准确度和精密度、误差和偏差的概念?

2. 指出在下列情况下,各会引起哪种误差,如果是系统误差,应该采用什么方法减免?

　　(1)砝码被腐蚀;

　　(2)天平的两臂不等长;

　　(3)容量瓶和移液管不配套;

　　(4)试剂中含有微量的被测组分;

　　(5)天平的零点有微小变动;

(6)读取滴定体积时最后一位数字估计不准;

(7)滴定时不慎从锥形瓶中溅出一滴溶液;

(8)标定 HCl 溶液用的 NaOH 标准溶液中吸收了 CO_2。

3.滴定管的读数误差为 ± 0.02 mL。若滴定中用去标准溶液的体积分别为 2 mL 和 20 mL 左右,则读数的相对误差各是多少? 依据相对误差的大小说明了什么问题?

4.某药厂生产铁剂,要求每克药剂中含铁 48.00 mg。对一批药品测定 5 次,结果为(mg/g):47.44,48.15,47.90,47.93 和 48.03。问这批产品的含铁量是否合格($P=0.95$)?

第三章　滴定分析概述

>>> **考试大纲要求**

1.掌握滴定分析法的基本术语及条件、滴定液浓度的表示、滴定液的配制和标定方法、滴定分析的有关计算。

2.熟悉滴定分析法的分类和滴定方式以及基准物质的条件。

3.了解滴定分析的一般过程和滴定曲线,一般指示剂的变色原理和指示终点的原理以及常用的滴定方式。

>>> **内容提要**

1.滴定分析法:滴定曲线的特点和滴定突跃,选择指示剂的一般原则。

2.滴定分析法:各种滴定方式及其适用条件。

3.标准溶液和基准物质。

4.标准溶液浓度的表示方法。

5.滴定分析的有关计算。

6.标准溶液浓度的有关计算,物质的量浓度与滴定度的有关计算。

7.滴定分析各个化学平衡。

>>> **配套习题**

一、名词解释

1.化学计量点

2.滴定度

3. 基准物质

4. 标定

5. 标准溶液

6. 指示剂

7. 指示剂的理论变色点

二、填空题

1. 滴定分析的滴定方式包括＿＿＿＿＿＿、＿＿＿＿＿＿、＿＿＿＿＿＿和＿＿＿＿＿＿。

2. 不符合基准物质条件的试剂,可用＿＿＿＿法来配制其标准溶液。

3. 当加入的滴定剂不能与被测物质立即定量完成的滴定反应可采用＿＿＿＿＿法进行滴定。

4. 测定卤化物、硫氰酸盐、银盐等物质的含量常用＿＿＿＿法;滴定多种金属离子常用＿＿＿＿＿＿法;测定还原性或氧化性物质常用＿＿＿＿法。

5. 滴定分析中,当加入的滴定剂的量与物质的量恰好符合化学计量关系时,称为＿＿＿＿＿＿＿＿＿。

三、选择题

1. 滴定分析法是(　　)中的一种分析方法。　　　　　　　　　　(　　)

A. 化学分析法　　B. 重量分析法　　C. 仪器分析法　　D. 中和分析法

2. 滴定分析法主要用于 （　　）

    A. 仪器分析　　　　　B. 常量分析　　　　　C. 定性分析　　　　　D. 重量分析

3. 对于滴定分析法,下列表述错误的是 （　　）

    A. 以化学反应为基础的分析方法

    B. 是药物分析中常用的一种含量测定方法

    C. 所有化学反应都可以用于滴定分析

    D. 要有合适的方法指示滴定终点

4. 测定 $CaCO_3$ 的含量时,加入一定量过量的 HCl 滴定液与其完全反应,剩余的 HCl 用 NaOH 溶液滴定,此滴定方式属于 （　　）

    A. 直接滴定　　　　　　　　　　　B. 返滴定

    C. 置换滴定　　　　　　　　　　　D. 间接滴定

5. 下列哪项不是基准物质必须具备的条件 （　　）

    A. 物质具有足够的纯度　　　　　　B. 物质的组成与化学式完全符合

    C. 物质的性质稳定　　　　　　　　D. 物质易溶于水

6. 下列可以作为基准物质的是 （　　）

    A. NaOH　　　　　B. HCl　　　　　C. H_2SO_4　　　　　D. Na_2CO_3

7. 下列各项叙述中不是滴定分析对化学反应要求的是 （　　）

    A. 反应必须有确定的化学计量分析

    B. 反应必须完全

    C. 反应速度要快

    D. 反应物的摩尔质量要大

8. 用基准物质配制滴定液应选用的方法为 （　　）

    A. 多次称量配制法　　　　　　　　B. 移液管配制法

    C. 直接配制法　　　　　　　　　　D. 间接配制法

9. 用基准物质配制滴定液,应选用的量器是 （　　）

    A. 容量瓶　　　　　B. 量杯　　　　　C. 量筒　　　　　D. 滴定管

10. 滴定终点是指 （　　）

    A. 滴定液和被测物质质量相等时

    B. 加入滴定液 25.00 mL 时

    C. 滴定液与被测物质按化学反应式反应完全时

    D. 指示剂发生颜色变化的转变点

11. 下列试剂中,可用直接法配制标准溶液的是 （　　）

    A. $K_2Cr_2O_7$　　　　　B. NaOH　　　　　C. H_2SO_4　　　　　D. $KMnO_4$

12. 某些金属离子(如 Ba^{2+}、Sr^{2+}、Mg^{2+}、Ca^{2+}、Pb^{2+}、Cd^{2+} 等)能生成难溶的草酸盐沉淀。将草酸盐沉淀过滤出来,洗涤除去多余的 $C_2O_4^{2-}$,用稀 H_2SO_4溶解后,以 $KMnO_4$ 标准溶液滴定与金属离子相当的 $C_2O_4^{2-}$,由此测定金属离子的含量。以上测定所采用的滴定方式是　　　　　　　　　　　(　　)

　　A. 直接滴定　　　　B. 返滴定　　　　C. 间接滴定　　　　D. 配位滴定

13. 下列说法正确的是　　　　　　　　　　　　　　　　　　　　(　　)

　　A. 指示剂的变色点即为化学计量点

　　B. 分析纯的试剂均可作基准物质

　　C. 定量完成的反应均可作为滴定反应

　　D. 已知准确浓度的溶液称为标准溶液

14. 将 Ca^{2+} 沉淀为 CaC_2O_4,然后溶于酸,再用 $KMnO_4$ 标准溶液滴定生成的$H_2C_2O_4$,从而测定 Ca 的含量。上述所采用的滴定方式属于　　　(　　)

　　A. 直接滴定法　　　　　　　　B. 间接滴定法

　　C. 沉淀滴定法　　　　　　　　D. 氧化还原滴定法

15. 用甲醛法测定铵盐中的氮含量,采用的滴定方式是　　　　　　(　　)

　　A. 直接滴定法　　　B. 酸碱滴定法　　　C. 置换滴定法　　　D. 返滴定法

16. 下列误差中,属于终点误差的是　　　　　　　　　　　　　　(　　)

　　A. 在终点时多加或少加半滴标准溶液而引起的误差

　　B. 指示剂的变色点与等量点(化学计量点)不一致而引起的误差

　　C. 由于确定终点的方法不同,使测量结果不一致而引起的误差

　　D. 终点时由于指示剂消耗标准溶液而引起的误差

17. 用高锰酸钾法测定钙,常用的滴定方式是　　　　　　　　　　(　　)

　　A. 返滴定法　　　　　　　　　B. 氧化还原滴定法

　　C. 间接滴定法　　　　　　　　D. 直接滴定法

18. 下列试剂中,可作为基准物质的是　　　　　　　　　　　　　(　　)

　　A. NaOH　　　　　B. HCl　　　　　C. $KMnO_4$　　　　D. $K_2Cr_2O_7$

19. 标准溶液是指(　　　)的溶液。　　　　　　　　　　　　　(　　)

　　A. 由纯物质配制成　　　　　　B. 由基准物配制成

　　C. 能与被测物完全反应　　　　D. 已知其准确浓度

20. 滴定分析中,对化学反应的主要要求是　　　　　　　　　　　(　　)

　　A. 反应必须定量完成

　　B. 反应必须有颜色变化

　　C. 滴定剂与被测物必须是 1∶1 的计量关系

　　D. 滴定剂必须是基准物

21. 滴定管可估读到 ± 0.01 mL,若要求滴定的相对误差小于 0.1%,至少应耗用体积( )mL。 ( )

    A. 10   B. 20   C. 30   D. 40

22. 0.2000 mol/L NaOH 溶液对 H_2SO_4 的滴定度为( )g/mL。 ( )

    A. 0.00049   B. 0.0049   C. 0.00098   D. 0.0098

23. 欲配制 1000 mL 0.1 mol/L HCl 溶液,应取浓盐酸(12 mol/L HCl)( )mL。 ( )

    A. 0.84 mL   B. 8.4 mL   C. 1.2 mL   D. 12 mL

24. 既可用来标定 NaOH 溶液,也可用作标定 $KMnO_4$ 的物质为 ( )

    A. $H_2C_2O_4 \cdot 2H_2O$ B. $Na_2C_2O_4$

    C. HCl   D. H_2SO_4

25. 将称好的基准物倒入湿烧杯,对分析结果产生的影响是 ( )

    A. 正误差   B. 负误差   C. 无影响   D. 结果混乱

四、综合题

1. 简述标准溶液的配制方法。

2. 简述滴定度的概念。

3. 滴定分析对化学反应有什么要求?能用于直接配制标准溶液的物质需具备什么条件?

4. 称取含铝试样 0.5300 g,溶解后定容为 100.0 mL 的溶液。精密吸取 20.00 mL 上述溶液于锥形瓶中,准确加入 EDTA(0.05012 mol/L)标准溶液 20.00 mL,控制条件使 Al^{3+} 与 EDTA 反应完全,然后用 $ZnSO_4$(0.05035 mol/L)标准溶液滴定剩余的 EDTA,消耗 $ZnSO_4$ 标准溶液 15.20 mL,计算试样中 Al_2O_3 的含量。(已知 $M_{Al_2O_3}=101.96$ g/mol)

5. 将 0.2500 g Na_2CO_3 基准物溶于适量水中后,用 0.2 mol/L HCl 溶液滴定至终点,问大约消耗此 HCl 溶液多少毫升?(已知 $M_{Na_2CO_3}=106.0$ g/mol)

6. 测定药用 Na_2CO_3 的含量,称取试样 0.1230 g,溶解后用浓度为 0.1006 mol/L 的 HCl 标准溶液滴定,滴定至终点时消耗该 HCl 标液 23.00 mL,求试样中 Na_2CO_3 的百分含量。(已知 $M_{Na_2CO_3}=106.0$ g/mol)

第四章　酸碱滴定法

>>> 考试大纲要求

1. 掌握常用的滴定分析法的原理与应用范围。

2. 掌握常用的滴定分析法的条件。

3. 掌握常用的滴定分析法的指示剂的选择。

4. 了解滴定突跃与滴定突跃范围的概念。

5. 熟悉条件电位、条件平衡常数、酸效应系数、最低 pH、最佳酸度条件的计算。

>>> 内容提要

1. 酸碱指示剂变色原理、变色范围及其影响因素,常用酸碱指示剂及混合指示剂。

2. 强酸(碱)、一元弱酸(碱)、多元酸(碱)的滴定曲线特征,影响其滴定突跃范围的因素及指示剂的选择。

3. 一元弱酸(碱)、多元酸(碱)准确滴定可行性的判断。

4. 强酸(碱)、一元弱酸(碱)滴定终点误差的计算。

5. 酸碱标准溶液的配置与标定。

6. 非水溶液中酸碱滴定法基本原理:溶剂的分类,溶剂的性质(离解性、酸碱性、极性、均化效应和区分效应),溶剂的选择。

7. 非水溶液中酸的滴定和碱的滴定。

>>> 配套习题

一、名词解释

1. 质量平衡式

2. 均化效应

3. 区分效应

4. 质子溶剂

5. 缓冲溶液

6. 质子条件式

7. 质子自递反应

8. 惰性溶剂

二、填空题

1. 酸碱指示剂的选择原则是_____。

2. 用 0.20 mol/L NaOH 溶液滴定 0.10 mol/L H_2SO_4 和 0.10 mol/L H_3PO_4 的混合溶液时,在滴定曲线上,可以出现_____个突跃范围。

3. 列出下列溶液的质子平衡方程:

浓度为 c(mol/L)的$(NH_4)_2CO_3$_____。

浓度为 c(mol/L)的 $NH_4H_2PO_4$_____。

4. 用双指示剂法(酚酞、甲基橙)测定混合碱样,设酚酞变色时消耗 HCl 溶液的体积为 V_1,甲基橙变色时消耗 HCl 溶液的体积为 V_2,则:

(1)$V_1>0$, $V_2=0$ 时,为_____。

(2)$V_1=0$, $V_2>0$ 时,为_____。

(3)$V_1=V_2=0$ 时,为_____。

(4)$V_1>V_2>0$ 时,为_____。

(5)$V_2>V_1>0$ 时,为_____。

5. 用 NaOH 溶液滴定 HAc,回答以下情况下造成的误差属于哪一类。

(1)选酚酞为指示剂滴定至 pH=9.0_____。

(2)选酚酞为指示剂,确定终点颜色时稍有出入_____。

(3)选甲基橙为指示剂滴定至 pH=4.4_____。

(4)碱式滴定管中气泡未赶出_____。

6. 凡是能_____质子的物质是酸;凡是能_____质子的物质是碱。

7. 各类酸碱反应共同的实质是_____。

8. 根据酸碱质子理论,物质给出质子的能力越强,酸性就越_____,其共轭碱的碱性就越_____。

9. 给出 NaH_2PO_4 溶液的质子条件式时,一般以_____和_____为零水准。

10. HPO_4^{2-} 是_____的共轭酸,是_____的共轭碱。

11. NH_3 的 $K_b=1.8\times10^{-5}$,则其共轭酸_____的 K_a 为_____。

三、选择题

1. 酸碱指示剂一般属于　　　　　　　　　　　　　　　　　　　　　(　　)

　　A. 无机物　　　　　　　　　　　B. 有机物

　　C. 有机酸　　　　　　　　　　　D. 有机弱酸或弱碱

2. 导致酸碱指示剂发生颜色变化的外因条件是　　　　　　　　　　(　　)

　　A. 溶液的温度　　　　　　　　　B. 溶液的湿度

　　C. 溶液的电离度　　　　　　　　D. 溶液的酸碱度

3. 标定 HCl 滴定液的基准物质是 　　　　　　　　　　　　　（　　）

　　A. NaOH　　　　　B. Na_2CO_3　　　　C. HAc　　　　D. $NH_3 \cdot H_2O$

4. 标定 NaOH 溶液的基准物质是 　　　　　　　　　　　　　（　　）

　　A. HAc　　　　　B. Na_2CO_3　　　　C. $KHC_8H_4O_4$　　　D. $NH_3 \cdot H_2O$

5. 用 NaOH 滴定液滴定 HAc 选择的指示剂是 　　　　　　　　（　　）

　　A. 石蕊　　　　　B. 甲基橙　　　　C. 酚酞　　　　D. 甲基红

6. 以甲基橙为指示剂,用 HCl 滴定液滴定 Na_2CO_3,滴定至溶液从黄色变成橙色,即为终点,此时 HCl 与 Na_2CO_3 反应的物质的量之比为 （　　）

　　A. 2∶1　　　　B. 1∶2　　　　C. 1∶1　　　　D. 3∶1

7. 用 HCl 滴定液滴定 $NH_3 \cdot H_2O$,应选择的指示剂是 　　　（　　）

　　A. 甲基橙　　　　B. 酚酞　　　　C. 百里酚酞　　　　D. 中性红

8. 影响强酸滴定弱碱滴定曲线突跃范围的主要因素是 　　　　（　　）

　　A. K_b和 c_a、c_b　　　　　　　　B. c_a 和 c_b

　　C. K_b 和 c_a　　　　　　　　　D. K_b 和 c_b

9. 用强酸滴定弱碱,化学计量点的酸碱性是 　　　　　　　　（　　）

　　A. pH<7　　　　B. pH>7　　　　C. pH=7　　　　D. 强酸性

10. 非水碱量法常用的溶剂是 　　　　　　　　　　　　　　（　　）

　　A. 冰醋酸　　　　B. 无水乙醇　　　　C. 醋酐　　　　D. 稀醋酸

11. 非水碱量法常用的滴定液是 　　　　　　　　　　　　　（　　）

　　A. 盐酸　　　　　B. 高氯酸　　　　C. 醋酐　　　　D. 冰醋酸

12. HPO_4^{2-} 的共轭碱是 　　　　　　　　　　　　　　　（　　）

　　A. $H_2PO_4^-$　　　　B. H_3PO_4　　　　C. PO_4^{3-}　　　　D. OH^-

13. 在水溶液中,共轭酸碱对 K_a 与 K_b 的关系是 　　　　　（　　）

　　A. $K_a \cdot K_b = 1$　　　　　　　　B. $K_a \cdot K_b = K_w$

　　C. $K_a / K_b = K_w$　　　　　　　　D. $K_b / K_a = K_w$

14. 欲配制 pH=5.1 的缓冲溶液,最好选择 　　　　　　　　（　　）

　　A. 一氯乙酸($pK_a=2.86$)　　　　B. 氨水($pK_b=4.74$)

　　C. 六次甲基四胺($pK_b=8.85$)　　D. 甲酸($pK_a=3.74$)

15. NH_3 的共轭酸是 　　　　　　　　　　　　　　　　　（　　）

　　A. NH_2^-　　　　　　　　　　　B. NH_2OH^{2-}

　　C. NH_4^+　　　　　　　　　　　D. NH_4OH

16. 下列各组酸碱组分中,属于共轭酸碱对的是 　　　　　　　（　　）

　　A. HCN—NaCN　　　　　　　　B. H_3PO_4—Na_2HPO_4

　　C. $^+NH_3CH_2COOH$—$NH_2CH_2COO^-$　　D. H_3O^+—OH^-

17. 下列各组酸碱组分中,不属于共轭酸碱对的是　　　　　　　　　(　　)

    A. H_2CO_3—CO_3^{2-}　　　　　　　　　B. NH_3—NH_2^-

    C. HCl—Cl^-　　　　　　　　　　　D. HSO_4^-—SO_4^{2-}

18. 下列说法错误的是　　　　　　　　　　　　　　　　　　　(　　)

    A. H_2O 作为酸的共轭碱是 OH^-

    B. H_2O 作为碱的共轭酸是 H_3O^+

    C. 因为 HAc 的酸性强,故 HAc 的碱性必弱

    D. 若 HAc 的碱性弱,则 H_2Ac^+ 的酸性强

19. 按质子理论,Na_2HPO_4 是　　　　　　　　　　　　　　　(　　)

    A. 中性物质　　　B. 酸性物质　　　C. 碱性物质　　　D. 两性物质

20. 若将 $H_2C_2O_4 \cdot 2H_2O$ 基准物质长期保存于保干器中,用以标定 NaOH 溶液的浓度时,结果将　　　　　　　　　　　　　　　　　(　　)

    A. 偏高　　　　　B. 偏低　　　　　C. 产生随机误差　　D. 没有影响

四、综合题

1. 某学生按如下步骤配制 NaOH 标准溶液,请指出其错误并加以改正。

    准确称取分析纯 NaOH 2.000 g,溶于水中,为除去其中 CO_2,加热煮沸,冷却后定容,保存于 500 mL 容量瓶中备用。

2. 当下列溶液各加水稀释 10 倍时,其 pH 有何变化? 计算变化前后的 pH。

    (1)0.1 mol/L HCl;　　　　　　(2)0.1 mol/L NaOH;

    (3)0.1 mol/L HAc;　　　　　　(4)0.1 mol/L $NH_3 \cdot H_2O$+0.1 mol/L NH_4Cl

3. 配制高氯酸冰醋酸溶液（0.05000 mol/L）1000 mL，需用 70％ $HClO_4$ 2 mL，所用的冰醋酸含量为 99.8％，相对密度为 1.05，应加含量为 98％，相对密度为1.087的醋酐多少毫升，才能完全除去其中的水分？

4. 称取混合碱试样 0.9476 g，以酚酞为指示剂，用 0.2785 mol/L HCl 溶液滴定至终点，耗去酸溶液 34.12 mL。再加甲基橙指示剂，滴定至终点，又耗去酸溶液 23.66 mL。求试样中各组分的质量分数。

5. 称取混合碱试样 0.6524 g，以酚酞为指示剂，用 0.1992 mol/L HCl 溶液滴定至终点，耗去酸溶液 21.76 mL。再加甲基橙指示剂，滴定至终点，又耗去酸溶液 27.15 mL。求试样中各组分的质量分数。

第五章　配位滴定法

>>> **考试大纲要求**

1. 掌握 EDTA 的性质及其与金属离子配位反应的特点；熟悉金属指示剂的变色原理、具备条件和常用金属指示剂；掌握 EDTA 滴定液的配制和标定。

2. 熟悉影响配位反应平衡的因素；掌握配位滴定酸度条件的选择及配位滴定法在药物分析中的应用。

3. 了解副反应和副反应系数及条件稳定常数的意义。

>>> **内容提要**

1. 配合平衡与配位滴定曲线。

2. EDTA 及其配合物。

3. 金属指示剂。

4. 标准溶液的配制和标定。

5. 配位的滴定误差。

6. 配位滴定中酸度的选择与提高滴定的选择性。

7. 配位的滴定方式。

>>> **配套习题**

一、填空题

1. 配位滴定法中使用最多的氨羧配位剂是_____。

2. 在 EDTA 的 7 种形式中，只有_____才能与金属离子直接生成稳定的配合物。

3. 一般情况下，EDTA 与大多数金属离子反应的配位比都是_____。

4. 影响配位滴定突跃的主要因素是_____和_____。

5. EDTA 与金属离子配位化合物的稳定性受酸效应、_____效应、辅助配位效应和_____效应等外界条件影响。

6. 直接法配位滴定过程中,滴定终点前溶液所呈现的颜色是＿＿＿＿＿＿,滴定终点时的颜色是＿＿＿＿＿＿。

7. 酸效应随溶液酸度的增大而＿＿＿＿＿,酸效应的大小用＿＿＿＿＿表示。

8. 通常将＿＿＿＿＿＿或＿＿＿＿＿＿作为判断配位滴定法能否进行准确滴定的条件。

二、选择题

1. 准确滴定单一金属离子的条件是 （　　）

    A. $\lg c_M K'_{MY} \geqslant 8$ B. $\lg c_M K_{MY} \geqslant 8$

    C. $\lg c_M K'_{MY} \geqslant 6$ D. $\lg c_M K_{MY} \geqslant 6$

2. 在配位滴定中,直接滴定法的条件包括 （　　）

    A. $\lg c K'_{MY} \leqslant 8$ B. 溶液中无干扰离子

    C. 有变色敏锐无封闭作用的指示剂　　D. 反应在酸性溶液中进行

3. 用 EDTA 滴定 Zn^{2+} 时,加入 $NH_3—NH_4Cl$ 可以 （　　）

    A. 防止干扰   B. 控制溶液的 pH

    C. 使金属离子指示剂变色更敏锐　　D. 加大反应速度

4. 配位滴定终点所呈现的颜色是 （　　）

    A. 游离金属指示剂的颜色

    B. EDTA 与待测金属离子形成配合物的颜色

    C. 金属指示剂与待测金属离子形成配合物的颜色

    D. 上述 A 与 C 的混合色

5. 在 EDTA 配位滴定中,下列有关酸效应系数的叙述,正确的是 （　　）

    A. 酸效应系数越大,配合物的稳定性越大

    B. 酸效应系数越小,配合物的稳定性越大

    C. pH 越大,酸效应系数越大

    D. 酸效应系数越大,配位滴定曲线的 pM 突跃范围越大

6. 以配位滴定法测定 Pb^{2+} 时,消除 Ca^{2+}、Mg^{2+} 干扰最简便的方法是 （　　）

    A. 配位掩蔽法   B. 控制酸度法

    C. 沉淀分离法   D. 解蔽法

7. EDTA 的有效浓度［Y］与酸度有关,它随着溶液 pH 的增大而 （　　）

    A. 增大   B. 减小   C. 不变   D. 先增大后减小

8. 用 EDTA 法测定水的总硬度是在 pH＝（　　）的缓冲溶液中进行的,测定钙硬度是在 pH＝（　　）的缓冲溶液中进行的。 （　　）

    A. 4～5;12～13   B. 6～7;12～13

    C. 8～10;12～13   D. 12～13;10～11

9. 用 EDTA 测定 SO_4^{2-} 时,应采用的方法是　　　　　　　　( )

　　A. 直接滴定　　　B. 间接滴定　　　C. 返滴定　　　D. 连续滴定

10. 产生金属指示剂的僵化现象是因为　　　　　　　　　　　　( )

　　A. 指示剂不稳定　　　　　　　　B. MIn 溶解度小

　　C. $K'_{MIn} < K'_{MY}$　　　　　　　　D. $K'_{MIn} > K'_{MY}$

11. 产生金属指示剂的封闭现象是因为　　　　　　　　　　　　( )

　　A. 指示剂不稳定　　　　　　　　B. MIn 溶解度小

　　C. $K'_{MIn} < K'_{MY}$　　　　　　　　D. $K'_{MIn} > K'_{MY}$

12. 配合滴定所用的金属指示剂同时也是一种　　　　　　　　　( )

　　A. 掩蔽剂　　　B. 显色剂　　　C. 配位剂　　　D. 弱酸弱碱

13. 使 MY 稳定性增加的副反应有　　　　　　　　　　　　　　( )

　　A. 酸效应　　　　　　　　　　　B. 共存离子效应

　　C. 水解效应　　　　　　　　　　D. 混合配位效应

14. 在 Fe^{3+}、Al^{3+}、Ca^{2+}、Mg^{2+} 混合溶液中,用 EDTA 测定 Fe^{3+}、Al^{3+} 的含量时,为了消除 Ca^{2+}、Mg^{2+} 的干扰,最简便的方法是　　　　( )

　　A. 沉淀分离法　　　　　　　　　B. 控制酸度法

　　C. 配位掩蔽法　　　　　　　　　D. 溶剂萃取法

15. 水硬度的单位是以 CaO 为基准物质确定的,10 表示 1 L 水中含有 ( )

　　A. 1 g CaO　　　　　　　　　　B. 0.1 g CaO

　　C. 0.01 g CaO　　　　　　　　　D. 0.001 g CaO

16. 在配位滴定中,使用金属指示剂二甲酚橙,要求溶液的酸度条件是 ( )

　　A. pH=6.3~11.6　　　　　　　　B. pH=6.0

　　C. pH>6.0　　　　　　　　　　D. pH<6.0

17. 用 EDTA 标准滴定溶液滴定金属离子 M,若要求相对误差小于 0.1%,则要求　　　　　　　　　　　　　　　　　　　　　　　　　( )

　　A. $c_M K'_{MY} \geq 10^6$　　　　　　　　B. $c_M K'_{MY} \leq 10^6$

　　C. $K'_{MY} \geq 10^6$　　　　　　　　D. $K'_{MY} \alpha_{Y(H)} \geq 10^6$

18. 在配位滴定中加入缓冲溶液的原因是　　　　　　　　　　　( )

　　A. EDTA 的配位能力与酸度有关

　　B. 金属指示剂有其使用的酸度范围

　　C. EDTA 与金属离子反应过程中会释放出 H^+

　　D. K'_{MY} 会随酸度改变而改变

19. 在测定水中钙硬度时,Mg^{2+} 的干扰是用(　　　)消除的。　　( )

　　A. 控制酸度法　　B. 配位掩蔽法　　C. 氧化还原掩蔽法　　D. 沉淀掩蔽法

20. 下列叙述中错误的是　　　　　　　　　　　　　　　　　　（　　）

　　A. 酸效应使络合物的稳定性降低

　　B. 共存离子使络合物的稳定性降低

　　C. 配位效应使络合物的稳定性降低

　　D. 各种副反应均使络合物的稳定性降低

三、综合题

1. EDTA 和金属离子形成的配合物有哪些特点？

2. 试比较酸碱滴定和配位滴定，说明它们的相同点和不同点。

3. 使用金属指示剂过程中存在哪些问题？

4. 用配位滴定法测定氯化锌($ZnCl_2$)的含量。称取 0.2500 g 试样,溶于水后, 稀释至 250 mL,吸取 25.00 mL,在 pH＝5～6 时,用二甲酚橙作指示剂,用 0.01024 mol/L EDTA 标准溶液滴定,用去 17.61 mL。试计算试样中 $ZnCl_2$ 的质量分数。

5. 用 0.01060 mol/L EDTA 标准溶液滴定水中钙和镁的含量,取 100.0 mL 水样,以铬黑 T 为指示剂,在 pH＝10 时滴定,消耗 EDTA 溶液 31.30 mL。另取一份 100.0 mL 水样,加 NaOH 使其呈强碱性,使 Mg^{2+} 成 $Mg(OH)_2$ 沉淀,用钙指示剂指示终点,继续用 EDTA 溶液滴定,消耗 EDTA 溶液 19.20 mL。计算:

(1) 水的总硬度[以 $CaCO_3$ mg/L 含量表示]。

(2) 水中钙和镁的含量[以 $CaCO_3$ mg/L 和 $MgCO_3$ mg/L 含量表示]。

6. 称取含 Fe_2O_3 和 Al_2O_3 的试样 0.2015 g,溶解后,在 pH＝2.0 时以磺基水杨酸为指示剂,加热至 50 ℃ 左右,以 0.02008 mol/L EDTA 溶液滴定至红色消失,消耗 EDTA 溶液 15.20 mL。然后加入上述 EDTA 溶液 25.00 mL,加热煮沸,调节 pH＝4.5,以 PAN 为指示剂,趁热用 0.02112 mol/L Cu^{2+} 标准溶液返滴定,用去 8.16 mL。计算试样中 Fe_2O_3 和 Al_2O_3 的质量分数。

第六章 氧化还原滴定法

1.掌握碘量法、高锰酸钾法、亚硝酸钠法等常用氧化还原滴定法的测定原理、条件、滴定液的配制及标定方法。

2.熟悉氧化还原滴定法指示剂的类型、变色原理和确定滴定终点的方法。

3.了解氧化还原滴定法的特点、分类与应用,会对氧化还原反应的进行程度作出判断。

1.条件电位及其影响因素。

2.氧化还原反应进行的程度和速度。

3.氧化还原滴定曲线。

4.氧化还原滴定法中的曲线。

5.常用的氧化还原滴定法:碘量法、高锰酸钾法、亚硝酸钠法等。

一、名词解释

1.电极电位

2.标准电极电位

3. 条件电极电位

4. 可逆氧化还原电对

5. 碘量法

6. 自身指示剂

二、填空题

1. 标定硫代硫酸钠一般可选_____作基准物;标定高锰酸钾溶液一般选用_____作基准物。

2. 氧化还原滴定中,采用的指示剂类型有_____、_____、_____、_____和_____。

3. 高锰酸钾标准溶液应采用_____法配制,重铬酸钾标准溶液应采用_____法配制。

4. 碘量法中使用的指示剂为_____,高锰酸钾法中采用的指示剂一般为_____。

5. 氧化还原反应是基于_____转移的反应,比较复杂,反应常是分步进行的,需要一定时间才能完成。因此,氧化还原滴定时,要注意_____速度与_____速度相适应。

6. 标定硫代硫酸钠常用的基准物为_____,基准物先与_____试剂反应生成_____,再用硫代硫酸钠滴定。

7. 碘在水中的溶解度小,挥发性强,因此,配制碘标准溶液时,将一定量的碘溶于_____溶液。

8. 氧化还原指示剂的变色范围为_____,选择指示剂的原则是_____。

9. 在氧化还原反应中,电对的电位越高,其氧化态的氧化能力越_____;电对的电位越低,其还原态的还原能力越_____。

10. 在氧化还原滴定中,化学计量点附近电位突跃范围的大小和氧化剂与还原剂两电对的_____有关,它们相差越大,电位突跃越_____。

三、选择题

1. 标定 $KMnO_4$ 滴定液时,常用的基准物质是　　　　　　　　　（　）

A. $K_2Cr_2O_7$　　　　B. $Na_2C_2O_4$　　　　C. $Na_2S_2O_3$　　　　D. KIO_3

2. 在酸性介质中,用 $KMnO_4$ 溶液滴定草酸盐溶液时,滴定应　　　　（　）

A. 在开始时缓慢,以后逐步加快,接近终点时再减慢滴定速度

B. 像酸碱滴定一样快速进行

C. 始终缓慢进行

D. 开始时快,然后减慢

3. 在间接碘量法中,加入淀粉指示剂的适宜时间是　　　　　　　（　）

A. 滴定开始时　　　　　　　　B. 滴定接近终点时

C. 滴入滴定液近 30% 时　　　　D. 滴入滴定液近 50% 时

4. 氧化还原滴定的主要依据是　　　　　　　　　　　　　　　（　）

A. 滴定过程中氢离子浓度发生变化

B. 滴定过程中金属离子浓度发生变化

C. 滴定过程中电极电位发生变化

D. 滴定过程中有络合物生成

5. 下列物质中,可以用氧化还原滴定法测定的是　　　　　　　（　）

A. 草酸　　　　　B. 醋酸　　　　　C. 盐酸　　　　　D. 硫酸

6. 直接碘量法应控制的条件是　　　　　　　　　　　　　　　（　）

A. 强酸性条件　　　　　　　　B. 强碱性条件

C. 中性或弱酸性条件　　　　　D. 什么条件都可以

7. 下列有关淀粉指示剂应用的叙述,不正确的是　　　　　　　（　）

A. 配制指示剂以选用直链淀粉为好

B. 为了使终点颜色变化明显,溶液要加热

C. 可加入少量碘化汞,使淀粉溶液保存较长时间

D. 在间接碘量法中,淀粉必须在接近终点时加入

8.碘量法中使用碘量瓶的目的是　　　　　　　　　　　　　（　　）

    A. 防止碘的挥发　　　　　　　　　　B. 防止溶液与空气接触

    C. 防止溶液溅出　　　　　　　　　　D. A＋B

9.$KMnO_4$在强碱溶液中的还原产物是　　　　　　　　　　　（　　）

    A. MnO_2　　　　B. MnO_4^{2-}　　　　C. MnO_4^-　　　　D. Mn^{2+}

10.$KMnO_4$法滴定溶液的常用酸度条件是　　　　　　　　　（　　）

    A. 强碱　　　　　　B. 弱碱　　　　　　C. 强酸　　　　　　D. 弱酸

11.下列有关氧化还原反应的叙述,不正确的是　　　　　　　（　　）

    A. 反应物之间有电子转移

    B. 反应物中的原子或离子有氧化数的变化

    C. 反应物和生成物的反应系数一定要相等

    D. 电子转移的方向由电极电位的高低来决定

12.在用重铬酸钾标定硫代硫酸钠时,由于 KI 与重铬酸钾反应较慢,为了使反

   应能进行完全,下列哪种措施是不正确的　　　　　　　　（　　）

    A. 增加 KI 的量　　　　　　　　　　B. 适当增加酸度

    C. 使反应在较浓溶液中进行　　　　　D. 加热

13.下列哪些物质可以用直接法配制标准溶液　　　　　　　　（　　）

    A. 重铬酸钾　　　　B. 高锰酸钾　　　　C. 碘　　　　　　D. 硫代硫酸钠

14.下列哪种溶液在读取滴定管读数时,读取液面周边的最高点　（　　）

    A. NaOH 标准溶液　　　　　　　　　B. 硫代硫酸钠标准溶液

    C. 碘标准溶液　　　　　　　　　　　D. 高锰酸钾标准溶液

15.下列关于配制 I_2 标准溶液的叙述,正确的是　　　　　　（　　）

    A. 碘溶于浓碘化钾溶液中　　　　　　B. 碘直接溶于蒸馏水中

    C. 碘溶解于水后,加碘化钾　　　　　D. 碘能溶于酸性溶液中

16.用间接碘量法对植物油中碘价进行测定时,指示剂淀粉溶液应在　（　　）

    A. 滴定开始前加入　　　　　　　　　B. 滴定一半时加入

    C. 滴定近终点时加入　　　　　　　　D. 滴定终点加入

17.提高氧化还原反应的速度可采取下列哪种措施　　　　　　（　　）

    A. 增加温度　　　　　　　　　　　　B. 加入络合剂

    C. 加入指示剂　　　　　　　　　　　D. 减少反应物浓度

18.氧化还原滴定曲线是(　　)变化曲线。　　　　　　　　　（　　）

    A. 溶液中金属离子浓度与 pH 关系

    B. 氧化还原电极电位与滴定剂用量关系

    C. 溶液 pH 与金属离子浓度关系

D. 溶液 pH 与滴定剂用量关系

19. 电极电位对判断氧化还原反应的性质很有用,但它不能判断　　　（　　）

　　A. 氧化还原反应的完全程度　　　　B. 氧化还原反应速率

　　C. 氧化还原反应的方向　　　　　　D. 氧化还原能力的大小

20. 二苯胺磺酸钠是用 $K_2Cr_2O_7$ 滴定 Fe^{2+} 的常用指示剂,它属于　（　　）

　　A. 自身指示剂　　　　　　　　　　B. 氧化还原指示剂

　　C. 特殊指示剂　　　　　　　　　　D. 其他指示剂

21. 用碘量法测 Cu^{2+} 时,KI 的最主要作用是　　　　　　　　（　　）

　　A. 氧化剂　　　　B. 还原剂　　　　C. 配位剂　　　　D. 沉淀剂

22. 用草酸钠作基准物标定高锰酸钾标准溶液时,开始反应速度慢,稍后,反应
速度明显加快,这是（　　）在起催化作用。　　　　　　　　（　　）

　　A. H^+　　　　　　B. MnO_4^-　　　　C. Mn^{2+}　　　　D. CO_2

23. $KMnO_4$ 滴定所需的介质是　　　　　　　　　　　　　　　（　　）

　　A. 硫酸　　　　　　B. 盐酸　　　　　　C. 磷酸　　　　　　D. 硝酸

24. 关于高锰酸钾滴定法,下列说法错误的是　　　　　　　　　（　　）

　　A. 可在盐酸介质中进行滴定　　　B. 用直接法可测定还原性物质

　　C. 标准滴定溶液用标定法制备　　D. 在硫酸介质中进行滴定

25. 在间接碘法测定中,下列操作正确的是　　　　　　　　　　（　　）

　　A. 边滴定边快速摇动

　　B. 加入过量 KI,并在室温和避免阳光直射的条件下滴定

　　C. 在 $70\sim80$ ℃恒温条件下滴定

　　D. 在滴定一开始就加入淀粉指示剂

四、判断题

1. $KMnO_4$ 溶液作为滴定剂时,必须装在棕色酸式滴定管中。　　（　　）

2. 直接碘量法的终点是从蓝色变为无色。　　　　　　　　　　（　　）

3. 用基准试剂草酸钠标定 $KMnO_4$ 溶液时,需将溶液加热至 $75\sim85$ ℃进行滴
定,若超过此温度,会使测定结果偏低。　　　　　　　　　　　（　　）

4. 溶液的酸度越高,$KMnO_4$ 氧化草酸钠的反应进行得越完全,所以,用基准
草酸钠标定 $KMnO_4$ 溶液时,溶液的酸度越高越好。　　　　　　（　　）

5. 用硫代硫酸钠标准滴定溶液滴定碘时,应在中性或弱酸性介质中进行。

　　　　　　　　　　　　　　　　　　　　　　　　　　　　（　　）

6. 用间接碘量法测定试样时,最好在碘量瓶中进行,并应避免阳光照射,为减
少与空气接触,滴定时不宜过度摇动。　　　　　　　　　　　　（　　）

7. 用于重铬酸钾法中的酸性介质只能是硫酸,而不能用盐酸。　（　　）

8. 重铬酸钾法要求在酸性溶液中进行。 （　　）

9. 碘量法要求在碱性溶液中进行。 （　　）

10. 在碘量法中使用碘量瓶可以防止碘的挥发。 （　　）

五、综合题

1. 碘量法的主要误差来源有哪些？如何消除？

2. 氧化还原滴定的主要依据是什么？它与酸碱滴定法有什么相似点和不同点？

3. 为了用 KIO_3 作基准物标定 $Na_2S_2O_3$ 溶液，称取 0.1500 g KIO_3 与过量 KI 反应。析出的碘用 $Na_2S_2O_3$ 溶液滴定，用去 24.00 mL。此 $Na_2S_2O_3$ 溶液的浓度是多少？（提示：$IO_3^- + 5I^- + 6H^+ \rightleftharpoons 3I_2 + 3H_2O$）

4. 10.00 mL 市售 H_2O_2（相对密度为 1.010）需用 36.82 mL 0.02400 mol/L $KMnO_4$ 溶液滴定，计算试液中 H_2O_2 的质量分数。（提示：$5H_2O_2 + 2MnO_4^- + 6H^+ \rightleftharpoons 5O_2 + 2Mn^{2+} + 8H_2O$）

第七章 重量分析法与沉淀滴定法

>>> **考试大纲要求**

1. 掌握莫尔法、佛尔哈德法及法扬司法指示终点的基本原理、滴定条件和应用范围;掌握沉淀重量分析法中不同类型沉淀的沉淀条件。

2. 熟悉沉淀滴定法的基本理论;熟悉沉淀重量分析法影响沉淀溶解度的因素;熟悉对沉淀形式和称量形式的要求;熟悉晶型沉淀和无定形沉淀的沉淀条件。

3. 了解沉淀滴定法对沉淀的要求,沉淀滴定法在药学领域的应用。

>>> **内容提要**

1. 沉淀滴定法的基本内容;沉淀滴定法主要讨论银量法:①银量法的基本原理;②铬酸钾指示剂法、铁铵钒指示剂法和吸附指示剂法的基本内容、指示终点的原理、滴定条件和应用范围。

2. 重量分析法的基本内容;重量分析法主要讨论沉淀法:①沉淀的形态和沉淀的形成;②沉淀的完全程度及其影响因素;③晶型沉淀和无定形沉淀的沉淀条件选择;④沉淀形式与称量形式;⑤挥发法,干燥失重。

>>> **配套习题**

一、名词解释

1. 银量法

2. 铬酸钾指示剂法

3. 铁铵矾指示剂法

4. 吸附指示剂法

5. 重量分析法

6. 沉淀法

7. 挥发法

8. 称量形式

9. 晶型沉淀

二、填空题

1. 法扬司法中吸附指示剂的 K_a 越大，适用的 pH 越＿＿＿＿＿＿＿，如曙红（pK_a＝2.0）适用的 pH 为＿＿＿＿＿＿＿。

2. 沉淀 Ca^{2+} 时，在含 Ca^{2+} 的酸性溶液中加入草酸沉淀剂，然后加入尿素，加热的目的是＿＿＿＿＿＿＿。

3. 沉淀滴定法中，用铁铵矾指示剂法测定 Cl^- 时，为了防止 AgCl 沉淀的转化，需加入＿＿＿＿＿＿＿。

4. 用法扬司法测定 Cl^- 时，在荧光黄指示剂溶液中常加入淀粉，其目的是保护＿＿＿＿＿＿＿，减少凝聚，增加＿＿＿＿＿＿＿。

5. 铁铵矾指示剂法既可直接用于测定＿＿＿＿＿＿＿离子，又可间接用于测定各种＿＿＿＿＿＿＿离子。

6. AgCl 在 0.01 mol/L HCl 溶液中的溶解度比在纯水中的溶解度小，这是＿＿＿＿＿＿＿效应起主要作用。若 Cl^- 浓度增大到 0.5 mol/L，则 AgCl 的溶解度超过在纯水中的溶解度，这是＿＿＿＿＿＿＿效应起主要作用。

7. 均相沉淀法是利用在溶液中＿＿＿＿＿＿＿而产生沉淀剂，使沉淀在整个溶液中缓慢而均匀地析出，这种方法避免了＿＿＿＿＿＿＿现象，从而获得大颗粒的纯净晶型沉淀。

8. 以氨水沉淀 Fe^{3+} 时，溶液中含有 Ca^{2+}、Zn^{2+}，当固定 NH_4^+ 浓度，增大 NH_3 浓度时，＿＿＿＿＿＿＿的吸附量增大，＿＿＿＿＿＿＿的吸附量减小。

9. 影响沉淀纯度的主要因素是＿＿＿＿＿＿＿和＿＿＿＿＿＿＿。在晶型沉淀的沉淀过程中，若加入沉淀剂过快，除了造成沉淀剂局部过浓影响晶型外，还会发生＿＿＿＿＿＿＿现象，使分析结果＿＿＿＿＿＿＿。

10. 无定型沉淀完成后一般需加入大量热水稀释，其主要作用是＿＿＿＿＿＿＿。

三、选择题

1. 在重量分析中，洗涤无定型沉淀的洗涤液应是　　　　　　　　　　　　　（　　）

    A. 冷水　　　　　　　　　　　　B. 含沉淀剂的稀溶液

    C. 热的电解质溶液　　　　　　　D. 热水

2. 若 A 为强酸根，存在可与金属离子形成配合物的试剂 L，则难溶化合物 MA 的溶解度计算式为　　　　　　　　　　　　　　　　　　　　　　　　（　　）

    A. $\sqrt{K_{SP}/\alpha_{M(L)}}$　B. $\sqrt{K_{SP} \cdot \alpha_{M(L)}}$　C. $\sqrt{K_{SP}/\alpha_{M(L)}+1}$　D. $\sqrt{K_{SP} \cdot \alpha_{M(L)}+1}$

3. Ra^{2+} 与 Ba^{2+} 的离子结构相似，因此可以利用 $BaSO_4$ 沉淀从溶液中富集微量 Ra^{2+}，这种富集方式是利用了　　　　　　　　　　　　　　　　　（　　）

    A. 混晶共沉淀　　　　　　　　　B. 包夹共沉淀

    C. 表面吸附共沉淀　　　　　　　D. 固体萃取共沉淀

4. 在用法扬司法测定 Cl^- 时,常加入糊精,其作用是 （   ）

   A. 掩蔽干扰离子　　　　　　　　　B. 防止 $AgCl$ 凝聚

   C. 防止 $AgCl$ 沉淀转化　　　　　　D. 防止 $AgCl$ 感光

5. 重量分析中,当杂质在沉淀过程中以混晶形式进入沉淀时,主要是由于　（   ）

   A. 沉淀表面电荷不平衡　　　　　　B. 表面吸附

   C. 沉淀速度过快　　　　　　　　　D. 离子结构类似

6. 用 $BaSO_4$ 重量分析法测定 Ba^{2+} 时,若溶液中还存在少量 Ca^{2+}、Na^+、CO_3^{2-}、

   Cl^-、H^+ 和 OH^- 等,则沉淀 $BaSO_4$ 表面吸附的杂质为 （   ）

   A. SO_4^{2-} 和 Ca^{2+}　　　　　　　　B. Ba^{2+} 和 CO_3^{2-}

   C. CO_3^{2-} 和 Ca^{2+}　　　　　　　　D. H^+ 和 OH^-

7. 莫尔法不能用于碘化物中碘的测定,主要是因为 （   ）

   A. AgI 的溶解度太小　　　　　　B. AgI 的吸附能力太强

   C. AgI 的沉淀速度太慢　　　　　D. 没有合适的指示剂

8. 用莫尔法测定 Cl^-,控制 pH＝4.0,其滴定终点将 （   ）

   A. 不受影响　　　　　　　　　　　B. 提前到达

   C. 推迟到达　　　　　　　　　　　D. 刚好等于化学计量点

9. 对于晶型沉淀而言,选择适当的沉淀条件达到的主要目的是 （   ）

   A. 减少后沉淀　　　　　　　　　　B. 增大均相成核作用

   C. 得到大颗粒沉淀　　　　　　　　D. 加快沉淀沉降速率

10. 沉淀重量法中,称量形式的摩尔质量越大, （   ）

    A. 沉淀越易于过滤洗涤　　　　　　B. 沉淀越纯净

    C. 沉淀的溶解度越减小　　　　　　D. 测定结果的准确度越高

11. 用重量分析法测定 Ba^{2+} 时,以 H_2SO_4 作为 Ba^{2+} 的沉淀剂,H_2SO_4 应过量

    （   ）

    A. $1\%\sim10\%$　　　　　　　　　B. $20\%\sim30\%$

    C. $50\%\sim100\%$　　　　　　　　D. $100\%\sim150\%$

12. $AgNO_3$ 滴定液应贮存于 （   ）

    A. 白色容量瓶　　B. 棕色试剂瓶　　C. 白色试剂瓶　　D. 棕色滴定管

13. 用铬酸钾指示剂法测定 $NaCl$ 含量时,其滴定终点的现象是产生 （   ）

    A. 黄色沉淀　　　　　　　　　　　B. 绿色沉淀

    C. 淡紫色沉淀　　　　　　　　　　D. 浅的砖红色沉淀

14. $AgCl$ 比 Ag_2CrO_4 先沉淀的原因是 （   ）

    A. $AgCl$ 颗粒比 Ag_2CrO_4 小　　　B. $AgCl$ 的溶度积比 Ag_2CrO_4 小

    C. $AgCl$ 的溶解度比 Ag_2CrO_4 小　　D. $AgCl$ 的溶解度比 Ag_2CrO_4 大

15. 晶形沉淀的沉淀条件是　　　　　　　　　　　　　　　　（　　）

    A. 浓、冷、慢、搅、陈　　　　　　　　B. 稀、热、快、搅、陈

    C. 稀、热、慢、搅、陈　　　　　　　　D. 稀、冷、慢、搅、陈

16. 沉淀的类型与定向速度有关,定向速度大小的主要相关因素是　　（　　）

    A. 离子大小　　　　　　　　　　　　B. 物质的极性

    C. 溶液浓度　　　　　　　　　　　　D. 相对过饱和度

17. 沉淀的类型与聚集速度有关,聚集速度大小的主要相关因素是　　（　　）

    A. 物质的性质　　　　　　　　　　　B. 溶液浓度

    C. 过饱和度　　　　　　　　　　　　D. 相对过饱和度

18. 晶核的形成有两种情况,一是均相成核,二是异相成核。当均相成核作用

    大于异相成核作用时,形成的晶核　　　　　　　　　　　　（　　）

    A. 少　　　　　　　　　　　　　　　B. 多

    C. 为晶体晶核　　　　　　　　　　　D. 为无定形晶核

19. 在重量分析中,洗涤无定型沉淀的洗涤液应是　　　　　　　（　　）

    A. 冷水　　　　　　　　　　　　　　B. 含沉定剂的稀溶液

    C. 热的电解质溶液　　　　　　　　　D. 热水

20. 下列说法违反无定形沉淀条件的是　　　　　　　　　　　　（　　）

    A. 沉淀可在浓溶液中进行

    B. 沉淀应在不断搅拌下进行

    C. 在沉淀后放置陈化

    D. 沉淀在热溶液中进行

21. 下述说法中正确的是　　　　　　　　　　　　　　　　　　（　　）

    A. 称量形式和沉淀形式应该相同

    B. 称量形式和沉淀形式必须不同

    C. 称量形式和沉淀形式可以不同

    D. 称量形式和沉淀形式中都不能含有水分子

22. 盐效应使沉淀的溶解度(　　　),同离子效应使沉淀的溶解度(　　)。一般

    来说,后一种效应较前一种效应(　　　)。　　　　　　　（　　）

    A. 增大,减小,小得多　　　　　　　B. 增大,减小,大得多

    C. 减小,减小,差不多　　　　　　　D. 增大,减小,差不多

23. 氯化银在 1 mol/L HCl 溶液中比在水中较易溶解,是因为　　　（　　）

    A. 酸效应　　　　　　　　　　　　　B. 盐效应

    C. 同离子效应　　　　　　　　　　　D. 络合效应

24. 如果被吸附的杂质和沉淀具有相同的晶格,就可能形成　　　　　（　　）

    A. 表面吸附　　　　　　　　　　B. 机械吸留

    C. 包藏　　　　　　　　　　　　D. 混晶

25. 若 $BaCl_2$ 中含有 $NaCl$、KCl、$CaCl_2$ 等杂质,用 H_2SO_4 沉淀 Ba^{2+} 时,生成的 $BaSO_4$ 最容易吸附的离子是　　　　　　　　　　　　（　　）

    A. Na^+　　　　　　　　　　　　B. K^+

    C. Ca^{2+}　　　　　　　　　　　D. H^+

四、判断题

1. 重量分析中,欲获得晶型沉淀,常在稀热溶液中进行沉淀并进行陈化。

        （　　）

2. 在晶型沉淀的沉淀过程中,若加入沉淀剂过快,除了造成沉淀剂局部过浓影响晶型外,还会发生吸留现象,使分析结果偏高。　　　　（　　）

3. 均相成核作用是指构晶离子在过饱和溶液中,自发形成晶核的过程。

        （　　）

4. 在沉淀反应中,同一种沉淀颗粒越大,沉淀吸附杂质量越多。　（　　）

5. 银量法中,使用 $pK_a = 5.0$ 的吸附指示剂测定卤素离子时,溶液酸度应控制在 $pH > 5$。　　　　　　　　　　　　　　　　　（　　）

6. 用莫尔法测定 Cl^- 含量时,指示剂 K_2CrO_4 用量越大,终点越易观察,测定结果的准确度越高。　　　　　　　　　　　　　　　（　　）

7. 法扬司法中吸附指示剂的 K_a 越大,滴定适用的 pH 越低。　（　　）

8. 由于无定型沉淀颗粒小,为防止沉淀穿滤,应选用致密滤纸即慢速滤纸。

        （　　）

9. 沉淀洗涤的目的是洗去由于吸留或混晶影响沉淀纯净的杂质。　（　　）

10. 不进行陈化也会发生后沉淀现象。　　　　　　　　　　　（　　）

五、综合题

1. 称取 $NaCl$ 基准试剂 0.1773 g,溶解后加入 30.00 mL $AgNO_3$ 标准溶液,过量的 Ag^+ 需要 3.20 mL NH_4SCN 标准溶液滴定至终点。已知 20.00 mL $AgNO_3$ 标准溶液与 21.00 mL NH_4SCN 标准溶液能完全作用,计算 $AgNO_3$ 和 NH_4SCN 溶液的浓度各为多少。(已知 $M_{NaCl} = 58.44$ g/mol)

2.用铁铵矾指示剂法测定 0.1 mol/L 的 Cl^-，在 AgCl 沉淀存在下，用 0.1 mol/L KSCN标准溶液回滴过量的 0.1 mol/L $AgNO_3$溶液，滴定的最终体积为 70 mL，$[Fe^{3+}]=0.015$ mol/L。当观察到明显的终点时（$[FeSCN^{2+}]=6.0\times10^{-6}$ mol/L），由于沉淀转化而多消耗 KSCN 标准溶液的体积是多少？（已知 $K_{sp(AgCl)}=1.8\times10^{-10}$，$K_{sp(AgSCN)}=1.1\times10^{-12}$，$K_{FeSCN}=200$）

3.沉淀形式和称量形式有何区别？试举例说明之。

4.共沉淀和后沉淀的区别何在？它们是怎样发生的？对重量分析有什么不良影响？在分析化学中什么情况下需要利用共沉淀？

第八章　电位法及永停滴定法

>>> **考试大纲要求**

1.掌握电位法的基本原理和电池电动势、指示电极、参比电极等基本概念。

2.掌握直接电位法测定溶液 pH 的基本原理和方法,电位滴定法的原理和确定终点的方法,永停滴定法的原理及确定终点的方法。

3.了解电化学分析法的概念和分类,离子选择性电极的概念。

>>> **内容提要**

1.化学电池的组成,相界电位。

2.指示电极及其分类,常见的指示电极。

3.pH 玻璃电极构造、响应机制和性能,测量溶液 pH 的原理、方法和注意事项,复合电极。

4.电位滴定法和永停滴定法的原理和特点,确定终点的方法。

>>> **配套习题**

一、名词解释

1.不对称电位

2.可逆电对

3.指示电极

4.参比电极

5.永停滴定法

6.直接电位法

7.电位滴定法

二、填空题

1.应用电化学原理进行物质成分分析的方法称为电化学分析。电化学分析根据其方法原理,按测量的电信号性质可分为＿＿＿＿＿、＿＿＿＿＿、＿＿＿＿＿和＿＿＿＿＿。

2.电位固定不变,不受溶液组成变化影响的电极称为参比电极。常用的参比电极包括＿＿＿＿＿和＿＿＿＿＿两种。

3.永停滴定法是根据双铂电极中＿＿＿＿＿的变化来确定终点的。

4.pH玻璃电极在使用前需要在纯水中浸泡＿＿＿＿以上,目的是＿＿＿＿＿＿＿＿＿＿＿＿＿＿＿＿＿＿＿＿＿＿＿＿＿＿＿＿＿＿。

5.在根据电极电位测量值确定待测物含量的分析方法中,若根据电极电位测量值直接求算待测物的含量,称为＿＿＿＿＿;若应用滴定方法,根据滴定过程中电极电位的变化确定滴定终点,求算待测物的含量,称为＿＿＿＿＿。

6.永停滴定法中所用的电极是＿＿＿＿＿,测量的物理量是＿＿＿＿＿。

三、选择题

1. 电位法测定溶液的 pH 常选用的指示电极是 （　　）

　　A. 氢电极　　　　　　　　　　　　B. 甘汞电极

　　C. 玻璃电极　　　　　　　　　　　D. 银—氯化银电极

2. 玻璃电极的内参比电极是 （　　）

　　A. 银电极　　　　　　　　　　　　B. 银—氯化银电极

　　C. 甘汞电极　　　　　　　　　　　D. 标准氢电极

3. 在 25 ℃时饱和 SCE 的电极电位值为 （　　）

　　A. 0.288 V　　　　　　　　　　　B. 0.222 V

　　C. 0.2801 V　　　　　　　　　　　D. 0.2412 V

4. 离子选择性电极电位产生的机制为 （　　）

　　A. 离子之间的交换　　　　　　　　B. 离子的扩散

　　C. A、B 均是　　　　　　　　　　D. A、B 均不是

5. 进行酸碱电位滴定时应选择的指示电极是 （　　）

　　A. 玻璃电极　　　B. 铅电极　　　C. 铂电极　　　D. 银电极

6. 用电位法测定溶液的 pH 应选择的方法是 （　　）

　　A. 永停滴定法　　B. 电位滴定法　　C. 直接电位法　　D. 电导法

7. 下列情况中,不宜用永停滴定法的是 （　　）

　　A. 滴定剂是可逆电对

　　B. 被滴定物是可逆电对

　　C. 滴定剂和被滴定物都为可逆电对

　　D. 滴定剂和被滴定物都为不可逆电对

8. 下列可作为基准参比电极的是 （　　）

　　A. SHE　　　　B. SCE　　　　C. 玻璃电极　　　D. 惰性电极

9. 下列属于惰性金属电极的是 （　　）

　　A. 锌电极　　　B. 铅电极　　　C. 玻璃电极　　　D. 铂电极

10. 玻璃电极在使用前应预先在纯化水中浸泡 （　　）

　　A. 2 h　　　　B. 12 h　　　　C. 24 h　　　　D. 42 h

11. 电位滴定法中电极组成为 （　　）

　　A. 两支不相同的参比电极　　　　　B. 两支相同的指示电极

　　C. 两支不相同的指示电极　　　　　D. 一支参比电极,一支指示电极

12. 以下电极属于膜电极的是 （　　）

　　A. 银—氯化银电极　　　　　　　　B. 铂电极

　　C. 玻璃电极　　　　　　　　　　　D. 氢电极

13. 用直接电位法测定溶液的 pH,为了消除液接电位对测定的影响,要求标准溶液的 pH 与待测溶液的 pH 之差为　　　　　　　　　　　　　　(　　)

　　A. 3　　　　　　　　B. <3　　　　　　　C. >3　　　　　　　D. 4

14. 消除玻璃电极的不对称电位常采用的方法是　　　　　　　　　　(　　)

　　A. 用水浸泡玻璃电极　　　　　　　B. 用碱浸泡玻璃电极

　　C. 用酸浸泡玻璃电极　　　　　　　D. 用两次测定法

15. 玻璃电极在使用前应在纯化水中充分浸泡,其目的是　　　　　　　(　　)

　　A. 除去杂质　　　　　　　　　　　B. 减小稳定不对称电位

　　C. 在膜表面形成水化凝胶层　　　　D. B、C 均是

16. pH 玻璃电极产生的不对称电位来源于　　　　　　　　　　　　　(　　)

　　A. 内外玻璃膜表面特性不同　　　　B. 内外溶液中 H^+ 浓度不同

　　C. 内外溶液的 H^+ 活度系数不同　　D. 内外参比电极不同

17. 玻璃电极使用前必须在水中浸泡,其主要目的是　　　　　　　　　(　　)

　　A. 清洗电极　　　　　　　　　　　B. 活化电极

　　C. 校正电极　　　　　　　　　　　D. 清除吸附杂质

18. 理论上,pH 玻璃电极在 1~14 范围内,E 与 pH 应呈线性关系,实际上 pH >9 时测定电极电位比理论值高,则测得 pH　　　　　　　　　(　　)

　　A. 等于真实值　　B. 大于真实值　　C. 小于真实值　　D. 无规律

19. 在电位滴定中,以 $\Delta E/\Delta V$—V(E 为电位,V 为滴定剂体积)作图绘制滴定曲线,滴定终点为　　　　　　　　　　　　　　　　　　　(　　)

　　A. 曲线的最大斜率点　　　　　　　B. 曲线的最小斜率点

　　C. 峰状曲线的最高点　　　　　　　D. $\Delta E/\Delta V$ 为零时的点

20. Ag-AgCl 参比电极的电极电位取决于电极内部溶液中　　　　　　　(　　)

　　A. Ag^+ 活度　　　　　　　　　　B. Cl^- 活度

　　C. AgCl 活度　　　　　　　　　　D. Ag^+ 活度和 Cl^- 活度

21. pH 计标定所选用的标准缓冲溶液的 pH 与被测样品的 pH 应　　　　(　　)

　　A. 相差较大　　B. 尽量接近　　C. 完全相等　　D. 无关系

22. 滴定分析与电位滴定法的主要区别是　　　　　　　　　　　　　　(　　)

　　A. 指示终点的方法不同　　　　　　B. 滴定液不同

　　C. 指示剂不同　　　　　　　　　　D. 滴定的对象不同

23. 若用一级微商法确定电位法滴定的化学计量点,则化学计量点时电池电动势的变化特征是　　　　　　　　　　　　　　　　　　　　　(　　)

　　A. 电动势的变化最大　　　　　　　B. 电动势的变化最小

　　C. 电动势的变化为零　　　　　　　D. 电动势的变化较小

24. pH 计上的温度补偿旋钮的作用是 （　　）

    A. 使待测溶液的 pH 与标准溶液的 pH 保持一致

    B. 使待测溶液的温度与标准溶液的温度保持一致

    C. 调节适当的电位抵消因温度的改变对电位测定的影响

    D. 调节待测溶液的温度抵消因温度的改变对电位测定的影响

25. 下列哪种反应类型适合用永停滴定法来滴定 （　　）

    A. 酸碱反应　　　　B. 沉淀反应　　　　C. 氧化还原反应　　D. 配位反应

四、综合题

1. 电位滴定法与永停滴定法有何区别?

2. 是否能用普通电位计或伏特计测量参比电极和 pH 玻璃电极所组成电池的电动势? 请简述原因。

第九章　紫外—可见分光光度法

▶▶▶ **考试大纲要求**

1.掌握紫外—可见吸收光谱产生的原因及光谱特征,电子跃迁类型,跃迁与吸收带的关系。

2.掌握 Lambert-Beer 定律的物理意义、成立条件、影响因素及有关的计算。

3.掌握紫外—可见分光光度计的主要部件。

4.熟悉紫外—可见分光光度计的工作原理;用紫外—可见分光光度法进行定性鉴别和纯度检查。

5.了解紫外—可见分光光度法与有机化合物结构的关系。

▶▶▶ **内容提要**

1.紫外—可见分光光度法的基本原理和概念,电子跃迁类型。

2.紫外—可见分光光度法中一些常用术语,如波长、波数等。

3.紫外—可见分光光度法的基本定律(Lambert-Beer),偏离朗伯特—比尔定律的两大因素。

4.紫外—可见分光光度计的主要部件和仪器类型。

5.紫外—可见分光光度分析方法:定性鉴别和纯度检查。

6.紫外吸收光谱主要用于有机化合物分子结构研究。

▶▶▶ **配套习题**

一、名词解释

1.强带

2.吸收光谱(吸收曲线)

3. Lambert-Beer 定律

4. 透光率

5. 吸光度

6. 摩尔吸光系数

7. 百分吸光系数

8. 生色团

9. 助色团

10. 红移

二、填空题

1. 可见光的波长范围为_____,近紫外光的波长范围为_____。

2.不同浓度的同一物质,其吸光度随浓度增大而_____,但最大吸收波长_____。

3.符合光吸收定律的有色溶液,当溶液浓度增大时,它的最大吸收峰位置_____,摩尔吸光系数_____。

4.摩尔吸光系数是吸光物质_____的度量,其值越_____,表明该显色反应越_____。

5.一有色溶液,在比色皿厚度为 2 cm 时,测得吸光度为 0.340。若浓度增大 1 倍,则其吸光度 $A=$_____,$T=$_____。

6.各种物质都有特征的吸收曲线和最大吸收波长,这种特性可作为物质_____的依据;同种物质的不同浓度溶液,任一波长处的吸光度随物质的浓度的增加而增大,这是物质_____的依据。

7.朗伯特—比耳定律表达式中的吸光系数在一定条件下是一个常数,它与_____、_____及_____无关。

8.光度分析中,偏离朗伯特—比耳定律的重要原因是入射光的_____差和吸光物质的_____引起的。

9.在分光光度法中,入射光波一般以选择_____波长为宜,这是因为_____。

10.如果显色剂或其他试剂对测量波长也有一些吸收,应选_____为参比溶液;如试样中其他组分有吸收,但不与显色剂反应,则当显色剂无吸收时,可用_____作参比溶液。

11.在紫外—可见分光光度法中,工作曲线是_____和_____之间的关系曲线。当溶液符合朗伯特—比耳定律时,此关系曲线应为_____。

三、选择题

1.紫外—可见分光光度法属于　　　　　　　　　　　　　　　　（　　）

    A.原子发射光谱　　　　　　　　　　B.原子吸收光谱

    C.分子发射光谱　　　　　　　　　　D.分子吸收光谱

2.分子吸收紫外—可见光后,可发生哪种类型的分子能级跃迁　（　　）

    A.转动能级跃迁　　　　　　　　　　B.振动能级跃迁

    C.电子能级跃迁　　　　　　　　　　D.以上都能发生

3.在符合朗伯特—比尔定律的范围内,溶液的浓度、最大吸收波长和吸光度三者的关系是　　　　　　　　　　　　　　　　　　　　（　　）

    A.增加、增加、增加　　　　　　　　B.减小、不变、减小

    C.减小、增加、减小　　　　　　　　D.增加、不变、减小

4. 某吸光物质的吸光系数很大,则表明   （   ）

    A. 该物质溶液的浓度很大　　　　　　B. 测定该物质的灵敏度高

    C. 入射光的波长很大　　　　　　　　D. 该物质的分子量很大

5. 相同条件下,测定甲、乙两份同一有色物质溶液的吸光度。若甲溶液用 1 cm 吸收池进行测定,乙溶液用 2 cm 吸收池进行测定,结果吸光度相同,则甲、乙两溶液浓度的关系是   （   ）

    A. $c_甲 = c_乙$　　　　　　　　　　　　B. $c_乙 = 4c_甲$

    C. $c_甲 = 2c_乙$　　　　　　　　　　　D. $c_乙 = 2c_甲$

6. 在符合光的吸收定律条件下,有色物质的浓度、最大吸收波长和吸光度三者的关系是   　　　（   ）

    A. 增加、增加、增加　　　　　　　　B. 增加、减小、不变

    C. 减小、增加、减小　　　　　　　　D. 减小、不变、减小

7. 吸收曲线是在一定条件下以入射光波长为横坐标、吸光度为纵坐标所描绘的曲线,又称为   （   ）

    A. 工作曲线　　　　B. A-λ 曲线　　　　C. A-c 曲线　　　　D. 滴定曲线

8. 标准曲线是在一定条件下以吸光度为横坐标、浓度为纵坐标所描绘的曲线,也可称为   （   ）

    A. A-λ 曲线　　　　B. A-c 曲线　　　　C. 滴定曲线　　　　D. E-V 曲线

9. 紫外—可见分光光度计的基本结构可分为   （   ）

    A. 两个部分　　　　B. 三个部分　　　　C. 四个部分　　　　D. 五个部分

10. 紫外—可见分光光度法定量分析的理论依据是   （   ）

    A. 吸收曲线　　　　　　　　　　　　B. 吸光系数

    C. 光的吸收定律　　　　　　　　　　D. 能斯特方程

11. 下列说法中正确的是   （   ）

    A. 吸收曲线与物质的性质无关

    B. 吸收曲线的基本形状与溶液浓度无关

    C. 浓度越大,吸光系数越大

    D. 吸收曲线是一条通过原点的直线

12. 测定大批量试样时,适宜的定量方法是   （   ）

    A. 标准曲线法　　　　　　　　　　　B. 标准对比法

    C. 解联立方程组法　　　　　　　　　D. 差示分光光度法

13. 紫外—可见分光光度法是基于被测物质对   （   ）

    A. 光的发射　　　　　　　　　　　　B. 光的散射

    C. 光的衍射　　　　　　　　　　　　D. 光的吸收

14. 下列有关显色剂的叙述,正确的是 　　　　　　　　　　　　　　(　)

    A. 本身必须是无色试剂并且不与待测物质发生反应

    B. 本身必须是有颜色的物质并且能吸收测定波长的辐射

    C. 能够与待测物质发生氧化还原反应并生成盐

    D. 在一定条件下能与待测物质发生反应并生成稳定的吸收性物质

15. 某种溶液的吸光度 　　　　　　　　　　　　　　　　　　　　(　)

    A. 与比色杯厚度成正比　　　　　B. 与溶液的浓度成反比

    C. 与溶液体积成正比　　　　　　D. 与入射光的波长成正比

16. 双光束分光光度计与单光束分光光度计的主要区别是 　　　　　(　)

    A. 能将一束光分为两束光　　　　B. 使用两个单色器

    C. 用两个光源获得两束光　　　　D. 使用两个检测器

17. 下列说法中错误的是 　　　　　　　　　　　　　　　　　　　(　)

    A. 标准曲线与物质的性质无关

    B. 吸收曲线的基本形状与溶液浓度无关

    C. 浓度越大,吸光系数越大

    D. 从吸收曲线上可以找到最大吸收波长

18. 在比色法中,下列关于显色反应的显色剂选择原则的叙述,错误的是 (　)

    A. 显色反应产物的 ε 值越大越好

    B. 显色剂的 ε 值越大越好

    C. 显色剂的 ε 值越小越好

    D. 显色反应产物和显色剂在同一光波下的 ε 值相差越大越好

19. 某药物的摩尔吸光系数(ε)很大,则表明 　　　　　　　　　　(　)

    A. 该药物溶液的浓度很大

    B. 光通过该药物溶液的光程很长

    C. 该药物对某波长的光吸收很强

    D. 测定该药物的灵敏度低

四、综合题

  1. Lambert-Beer 定律的物理意义是什么? 为什么说 Lambert-Beer 定律只适用于单色光? 浓度 c 与吸光度 A 的线性关系发生偏离的主要因素有哪些?

2. 简述紫外—可见分光光度计的主要部件、类型及基本性能。

3. 安络血的相对分子质量为 236,将其配成 100 mL 含安络血 0.4300 mg 的溶液,盛于 1 cm 吸收池中,在 $\lambda_{max} = 355$ nm 处测得 A 值为 0.483,试求安络血的 $E_{1\ cm}^{1\%}$ 和 ε 值。

4. 称取维生素 C 0.0500 g,溶于 100 mL 的 5 mol/L 硫酸溶液中,准确量取此溶液 2.00 mL,稀释至 100 mL,取此溶液于 1 cm 吸收池中,在 $\lambda_{max} = 245$ nm 处测得 A 值为 0.498。求样品中维生素 C 的百分质量分数。[$E_{1\ cm}^{1\%} = 560$ mL/(g·cm)]

5. 精密称取维生素 B_{12} 对照品 20.0 mg,加水准确稀释至 1000 mL,将此溶液置于厚度为 1 cm 的吸收池中,在 $\lambda = 361$ nm 处测得 $A = 0.414$。另取两个试样,一为维生素 B_{12} 原料药,精密称取 20.0 mg,加水准确稀释至 1000 mL,同样条件下测得 $A = 0.390$;另一为维生素 B_{12} 注射液,精密吸取 1.00 mL,稀释至 10.00 mL,同样条件下测得 $A = 0.510$。试分别计算维生素 B_{12} 原料药的百分质量分数和注射液的浓度。

第十章 分子荧光分析法

1. 掌握荧光分析法的基本原理,涉及分子荧光的发生过程,激发光谱和发射光谱,荧光光谱的特征。

2. 熟悉荧光物质的分子从激发态返回基态的各种途径,荧光熄灭法的原理和方法。

3. 了解荧光分光光度计的构造及荧光分析的新技术。

1. 荧光的定义与产生,激发光谱和发射光谱,荧光与分子结构的关系。

2. 影响荧光强度的外部因素。

3. 荧光定量分析方法,溶液荧光强度与物质浓度的关系。

4. 荧光分光光度计,荧光分析技术简介。

一、填空题

1. 激发光波长和强度固定后,荧光强度与荧光波长的关系曲线称为_____;荧光波长固定后,荧光强度与激发光波长的关系曲线称为_____。

2. 荧光分光光度计的主要部件有_____、_____、_____和_____。

3. 用荧光分析法进行定量分析的依据是_____。

4. 测定荧光强度时,只有在_____时,溶液的荧光强度才与溶液的浓度呈线性关系。

5. 荧光波长比激发光波长稍长的原因是_____。

二、选择题

1. 荧光光谱属于 （ ）

A. 吸收光谱　　B. 发射光谱　　C. 红外光谱　　D. 质谱

2. 分子荧光分析比紫外—可见分光光度法选择性高的原因是 （　　）

　　A. 能发射荧光的物质比较少

　　B. 分子荧光光谱为线状光谱,而分子吸收光谱为带状光谱

　　C. 荧光波长比相应的吸收波长稍长

　　D. 荧光光度计有两个单色器,可以更好地消除组分间的相互干扰

3. 荧光量子效率是指 （　　）

　　A. 荧光强度与吸收光强度之比

　　B. 发射荧光的量子数与吸收激发光的量子数之比

　　C. 发射荧光的分子数与物质的总分子数之比

　　D. 激发态的分子数与基态的分子数之比

4. 一种物质能否发出荧光主要取决于 （　　）

　　A. 分子结构　　　　　　　　　　B. 激发光的波长

　　C. 温度　　　　　　　　　　　　D. 溶剂的极性

5. 下列叙述中,错误的是 （　　）

　　A. 荧光分析的待测物应含有大 π 键

　　B. 紫外分光光度法待测物应含有 π 键

　　C. 质谱法待测物应含离子

　　D. 气象色谱分析物的沸点应较低

6. 下列因素会导致荧光效率下降的有 （　　）

　　A. 激发光强度下降　　　　　　　B. 溶剂极性变小

　　C. 温度下降　　　　　　　　　　D. 溶剂中含有卤素离子

7. 荧光波长与相应激发光波长相比 （　　）

　　A. 前者较长　　　B. 后者较长　　　C. 两者相等　　　D. 关系不确定

8. 荧光光谱分析的主要优点是 （　　）

　　A. 准确度高　　　　　　　　　　B. 操作简便

　　C. 仪器简单　　　　　　　　　　D. 灵敏度高

9. 若需测定生物试样中的微量氨基酸,应选用下述哪种分析方法 （　　）

　　A. 荧光光度法　　　　　　　　　B. 磷光光度法

　　C. 化学发光法　　　　　　　　　D. X 荧光光谱法

10. 荧光量子效率是指 （　　）

　　A. 荧光强度与吸收光强度之比

　　B. 发射荧光的量子数与吸收激发光的量子数之比

　　C. 发射荧光的分子数与物质的总分子数之比

　　D. 激发态的分子数与基态的分子数之比

11. 激发光波长和强度固定后,荧光强度与荧光波长的关系曲线称为 （ ）

    A. 吸收光谱　　　　B. 激发光谱　　　　C. 荧光光谱　　　　D. 工作曲线

12. 激发态分子经过振动弛豫回到第一电子激发态的最低振动能级后,经系间窜越转移至激发三重态,再经过振动弛豫降至三重态的最低振动能级,然后发出光辐射跃迁至基态的各个振动能级,这种光辐射称为 （ ）

    A. 分子荧光　　　　B. 分子磷光　　　　C. 瑞利散射光　　　　D. 拉曼散射光

13. 荧光分光光度计常用的光源是 （ ）

    A. 空心阴极灯　　　B. 氙灯　　　　　C. 氘灯　　　　　D. 硅碳棒

14. 采用激光作为荧光光度计的光源,其优点是 （ ）

    A. 可以有效消除散射光对荧光测定的干扰

    B. 可以提高荧光法的选择性

    C. 可以提高荧光法的灵敏度

    D. 可以避免荧光熄灭现象的产生

15. 时间分辨荧光分析法的选择性较好,是由于不同荧光物质的哪种性质不同 （ ）

    A. 荧光强度　　　　　　　　　B. 最大激发光波长

    C. 最大荧光波长　　　　　　　D. 荧光寿命

三、简答题

1. 哪些因素会影响荧光波长和强度?

2. 请设计两种方法测定溶液 Al^{3+} 的含量。（一种化学分析方法,一种仪器分析方法）

第十一章　红外分光光度法

>>> 考试大纲要求

1.掌握红外分光光谱法的基本原理及基本概念,即分子振动能级和振动形式;红外吸收光谱产生的条件和吸收峰强度,吸收峰的位置的影响因素以及特征峰和相关峰在红外吸收光谱法中的作用。

2.熟悉一些有机化合物(脂肪烃类、芳香烃类、醇、酚及醚类、含羰基化合物等)的典型光谱及红外吸收光谱的一般解析方法。

3.了解傅立叶红外光谱仪的主要工作原理和特点以及红外吸收光谱法的制样过程。

>>> 内容提要

1.分子振动能级和振动形式,红外吸收光谱产生的条件和吸收峰强度,吸收峰的位置、特征峰和相关峰。

2.脂肪烃类、芳香烃类、醇、酚及醚类、含羰基化合物等的典型光谱。

3.红外光谱仪的主要部件及性能。

4.试样的制备、红外光谱解析方法及解析事例。

>>> 配套习题

一、名词解释

1.红外吸收光谱

2.伸缩振动

3. 弯曲振动

4. 振动自由度

5. 简并

6. 红外非活性振动

7. 基频峰及倍频峰

8. 特征峰及相关峰

9. 特征区

10. 指纹区

二、填空题

1. 习惯上按照波长的不同,可将红外线划分为三个区域,其中,$0.76\sim2.5\ \mu m$ 为_____ ;_____为中红外区;_____为远红外区。

2. 振动自由度是指_____。线性分子的振动自由度为_____,非线性分子的振动自由度为_____。

3. 诱导效应将会使某基团的红外振动频率变_____,共轭效应使某基团的振动频率变_____。

4. 在红外光谱中,通常把波数在 $4000\sim1500\ cm^{-1}$ 之间的区域称为_____区,波数低于 $1500\ cm^{-1}$ 的区域称为_____区。

5. 多原子分子的振动可分为_____和_____两种类型。

6. 一张红外吸收光谱图可由吸收峰的_____及吸收峰的_____来描述。

三、选择题

1. 下列关于红外光的描述,正确的是 （　　）
   A. 能量比紫外光大、波长比紫外光长
   B. 能量比紫外光小、波长比紫外光长
   C. 能量比紫外光小、波长比紫外光短
   D. 能量比紫外光大、波长比紫外光短

2. 红外光谱吸收的电磁波是 （　　）
   A. 微波　　　　　B. 可见光　　　　C. 红外光　　　　D. 无线电波

3. 产生红外光谱的原因是 （　　）
   A. 原子内层电子能级跃迁　　　　B. 分子外层价电子跃迁
   C. 分子转动能级跃迁　　　　　　D. 分子振动—转动能级跃迁

4. 红外光谱又称为 （　　）
   A. 电子光谱　　　　　　　　　　B. 分子振动—转动光谱
   C. 原子吸收光谱　　　　　　　　D. 原子发射光谱

5. 红外光谱图中用作纵坐标的标度是 （　　）
   A. 百分透光率 $T\%$ 　　　　　　B. 光强度 I
   C. 波数 σ 　　　　　　　　　　D. 波长

6. 红外光谱属于 （　　）
   A. 原子吸收光谱　　B. 分子吸收光谱　　C. 电子光谱　　　D. 磁共振谱

7. 红外光谱与紫外—可见光谱比较 （　　）
   A. 红外光谱的特征性强
   B. 紫外—可见光谱的特征性强

C. 红外光谱与紫外—可见光谱的特征性均强

D. 红外光谱与紫外—可见光谱的特征性均不强

8. 伸缩振动是指 （ ）

    A. 键角发生变化的振动

    B. 分子平面发生变化的振动

    C. 吸收峰强度发生变化的振动

    D. 键长沿键轴方向发生周期性变化的振动

9. 振动能级由基态跃迁至第一激发态所产生的吸收峰是 （ ）

    A. 合频峰   B. 基频峰   C. 差频峰   D. 泛频峰

10. 红外非活性振动是指 （ ）

    A. 分子的偶极矩为零   B. 非极性分子

    C. 振动时分子偶极矩无变化   D. 分子没有振动

11. 下列叙述中不正确的是 （ ）

    A. 共轭效应使红外吸收峰向低波数方向移动

    B. 诱导效应使红外吸收峰向高波数方向移动

    C. 分子的振动自由度数等于红外吸收光谱上的吸收峰数

    D. 氢键的形成使伸缩振动频率降低

12. 有一种含氧化合物,如用红外光谱判断它是否为羰基化合物,主要依据的谱带范围为 （ ）

    A. $1900 \sim 1650 \ cm^{-1}$ B. $3500 \sim 3200 \ cm^{-1}$

    C. $1500 \sim 1300 \ cm^{-1}$ D. $1000 \sim 650 \ cm^{-1}$

13. 红外吸收峰数常小于振动自由度数的原因之一是 （ ）

    A. 红外活性振动   B. 简并

    C. 产生泛频峰   D. 分子振动时偶极矩变化不为零

14. CO_2 分子的振动自由度数和不饱和度分别是 （ ）

    A. 4、3   B. 3、2   C. 4、2   D. 3、3

15. 下列数据中,哪一组数据所涉及的红外光谱区能够包括 CH_3CH_2COH 的吸收带 （ ）

    A. $3000 \sim 2700 \ cm^{-1}$,$1675 \sim 1500 \ cm^{-1}$,$1475 \sim 1300 \ cm^{-1}$

    B. $3300 \sim 3010 \ cm^{-1}$,$1675 \sim 1500 \ cm^{-1}$,$1475 \sim 1300 \ cm^{-1}$

    C. $3300 \sim 3010 \ cm^{-1}$,$1900 \sim 1650 \ cm^{-1}$,$1000 \sim 650 \ cm^{-1}$

    D. $3000 \sim 2700 \ cm^{-1}$,$1900 \sim 1650 \ cm^{-1}$,$1475 \sim 1300 \ cm^{-1}$

16. 傅立叶变换红外分光光度计的色散元件是 （ ）

    A. 玻璃棱镜   B. 石英棱镜

　　　C. 卤化盐棱镜　　　　　　　　　D. 迈克尔逊干涉仪

17. 在红外光谱分析中,用 KBr 制作试样池,这是因为　　　　　　　　（　　）

　　A. KBr 晶体在 4000～400 cm^{-1} 范围内不会散射红外光

　　B. KBr 在 4000～400 cm^{-1} 范围内有良好的红外光吸收特性

　　C. KBr 在 4000～400 cm^{-1} 范围内无红外光吸收

　　D. KBr 在 4000～400 cm^{-1} 范围内对红外光无反射

18. 红外光谱法的试样状态可以是　　　　　　　　　　　　　　　　（　　）

　　A. 气体状态　　　　　　　　　　B. 固体状态

　　C. 固体或液体状态　　　　　　　　D. 气体、液体和固体状态都可以

19. 能与气相色谱仪联用的红外光谱仪为　　　　　　　　　　　　　（　　）

　　A. 色散型红外分光光度计　　　　B. 双光束红外分光光度计

　　C. 傅立叶变换红外分光光度计　　　D. 快扫描红外分光光度计

20. 用红外吸收光谱法测定有机物结构时,试样应该是　　　　　　　（　　）

　　A. 单质　　　　B. 纯物质　　　　C. 混合物　　　　D. 任何试样

四、简答题

　　1. 产生红外吸收的条件是什么? 是否所有的分子振动都会产生红外吸收光谱? 为什么?

　　2. 简述红外光谱与紫外—可见光谱的区别。

　　3. 何谓指纹区? 它有什么特点和用途?

第十二章　原子吸收分光光度法

>>> **考试大纲要求**

1.掌握元素共振线、原子吸收谱线轮廓及半峰宽、积分吸收、峰值吸收、锐线光源等基本概念。

2.掌握原子吸收值与原子浓度的关系及原子吸收光谱法的测定原理。

3.掌握原子吸收法定量分析的基本方法。

4.熟悉原子吸收光谱的特征和原子吸收分光光度法的特点。

5.熟悉原子吸收分光光度计的基本构造和几种原子化器及其工作原理;熟悉原子吸收法可能存在的干扰及其消除方法。

6.了解原子吸收分光光度计的类型及原子吸收光谱法实验条件的选择。

>>> **内容提要**

1.原子的量子能级,原子在各能级的分布。

2.共振吸收线,谱线轮廓和谱线变宽的影响因素。

3.原子吸收的测量:积分吸收法和峰值吸收法。

4.原子吸收值与原子浓度的关系。

5.原子吸收分光光度计的基本结构及各部件的作用。

6.原子吸收分光光度法分析测定的选择,干扰与抑制,灵敏度和检出限,定量分析方法。

>>> **配套习题**

一、填空题

1.原子吸收分光光度计中,原子化器的主要作用是将试样蒸发并使待测元素转化为_____。

2.原子吸收分析常用的火焰原子化器是由_____、_____、_____和_____组成的。

3.原子吸收分光光度计的氘灯背景校正器可以扣除背景的影响,提高分析测定的灵敏度,其原因是_____。

4.原子吸收分光光度计由_____、_____、_____和_____组成。

5.原子吸收分光光度法通常选择_____作为元素分析的分析线。

6.常用的原子化装置包括_____和_____。

7.原子吸收光谱进行定量分析的方法主要有_____和_____。

二、选择题

1.原子吸收光谱产生的原因是 （　）

　A.振动能级跃迁　　　　　　　　B.原子最外层电子跃迁

　C.分子中电子能级的跃迁　　　　D.转动能级跃迁

2.在原子吸收分析中,测定元素的灵敏度很大程度上取决于 （　）

　A.光源　　　　　　　　　　　　B.检测系统

　C.分光系统　　　　　　　　　　D.原子化系统

3.与火焰法相比,石墨炉原子吸收法的优点是 （　）

　A.灵敏度高　　　　　　　　　　B.分析速度快

　C.重现性好　　　　　　　　　　D.背景吸收小

4.与无火焰原子吸收法相比,火焰原子吸收法的优点是 （　）

　A.选择性较强　　　　　　　　　B.检出限较低

　C.精密度较高　　　　　　　　　D.干扰较少

5.下列选项中的两种方法同属于吸收光谱的是 （　）

　A.原子发射光谱和紫外吸收光谱

　B.原子发射光谱和红外光谱

　C.红外光谱和质谱

　D.原子吸收光谱和核磁共振谱

6.下列哪两种光源都是线光源 （　）

　A.钨灯和空心阴极灯　　　　　　B.氘灯和能斯特灯

　C.激光和空心阴极灯　　　　　　D.ICP光源和硅碳棒

7.与火焰原子吸收法相比,石墨炉原子吸收法具有以下哪种特点 （　）

　A.灵敏度低但重现性好　　　　　B.基体效应大但重现性好

　C.样品量大但检出限低　　　　　D.物理干扰少且原子化效率高

8.下列哪种方法是由外层电子跃迁引起的 （　）

　A.原子发射光谱和紫外吸收光谱

　B.原子发射光谱和核磁共振谱

　C.红外光谱和拉曼光谱

　D.原子光谱和分子光谱

9. 原子吸收光谱分析仪中单色器位于 （　　）

    A. 空心阴极灯之后   B. 原子化器之后

    C. 原子化器之前   D. 空心阴极灯之前

10. 原子吸收光谱分析中，乙炔是 （　　）

    A. 燃气—助燃气   B. 载气

    C. 燃气   D. 助燃气

11. 原子吸收光谱测铜的步骤是 （　　）

    A. 开机预热—设置分析程序—开助燃气、燃气—点火—进样—读数

    B. 开机预热—开助燃气、燃气—设置分析程序—点火—进样—读数

    C. 开机预热—进样—设置分析程序—开助燃气、燃气—点火—读数

    D. 开机预热—进样—开助燃气、燃气—设置分析程序—点火—读数

12. 原子吸收光谱光源发出的是 （　　）

    A. 单色光   B. 复合光   C. 白光   D. 可见光

13. 在原子吸收分析中，过大的灯电流除了产生光谱干扰外，还使发射共振线的谱线轮廓变宽，这种变宽属于 （　　）

    A. 自然变宽   B. 压力变宽

    C. 场致变宽   D. 多普勒变宽（热变宽）

14. 欲分析 165～360 nm 波谱区的原子吸收光谱，应选用的光源为 （　　）

    A. 钨灯   B. 能斯特灯

    C. 空心阴极灯   D. 氘灯

15. 在光学分析法中，采用钨灯作光源的是 （　　）

    A. 原子光谱   B. 分子光谱

    C. 可见分子光谱   D. 红外光谱

16. 采用调制的空心阴极灯主要是为了 （　　）

    A. 延长灯寿命   B. 克服火焰中的干扰谱线

    C. 防止光源谱线变宽   D. 扣除背景吸收

17. 在原子吸收分析中，如灯中有连续背景发射，则宜 （　　）

    A. 减小狭缝   B. 用纯度较高的单元素灯

    C. 另选测定波长   D. 用化学方法分离

18. 为了消除火焰原子化器中待测元素的发射光谱干扰，应采用下列哪种措施 （　　）

    A. 直流放大   B. 交流放大

    C. 扣除背景   D. 减小灯电流

三、简答题

1.原子吸收分光光度法对光源的基本要求是什么？为什么要求用锐线光源？

2.原子吸收分光光度计主要由哪几部分组成？各部分的功能是什么？

3.可见分光光度计的分光系统放在吸收池的前面,而原子吸收分光光度计的分光系统放在原子化系统(吸收系统)的后面,为什么？

第十三章　经典液相色谱法

⟫⟫⟫　考试大纲要求

1. 掌握色谱法的基本概念，吸附色谱法和分配色谱法的分离机制，薄层色谱法的基本原理及其应用。

2. 熟悉色谱法的分类，离子交换色谱法和凝胶色谱法的分离机制，各种经典的柱色谱法的基本原理及其应用。

3. 了解色谱法的由来和发展。

⟫⟫⟫　内容提要

1. 色谱流出曲线和色谱峰的有关概念：保留值、峰高和峰面积、区域宽度、分离度等。

2. 分配系数和保留因子，分配系数和保留因子与保留时间的关系，色谱分离机制。

3. 分配色谱、吸附色谱、离子交换色谱和分子排阻色谱四类基本类型色谱方法及其分离机制。

4. 色谱基本理论：塔板理论和速率理论。

5. 薄层色谱法的基本原理。

6. 吸附色谱法中常用固定相和流动相的选择。

⟫⟫⟫　配套习题

一、名词解释

1. 色谱法

2. 柱色谱法

3. 薄层色谱法

4. 纸色谱法

5. 分配系数(k)

6. 载体

7. 比移值

8. 交联度

9. 梯度洗脱

10. 化合键合相

二、填空题

　1. 按操作形式分类,色谱法通常分为_____和_____。

2. 用加入煅石膏的硅胶为吸附剂涂铺成的薄层板通常表示为_____。

3. R_f 与 R_r 均为物质定性鉴定的依据。R_f 值在_____之间，_____为可用范围，_____为最佳范围；R_r 值可大于_____，也可小于_____。

4. 薄层色谱法的展开方式包括_____、_____和_____。

5. 保留值有_____、_____、_____、_____、_____和_____。

6. 薄层色谱的通用显色剂有_____和_____。

7. 纸色谱法的固定相一般为_____。

8. 色谱过程是_____的过程。

9. 吸附柱色谱法的操作分为_____、_____和_____三步。

三、选择题

1. 分离性质极其相似的物质的最佳方法是　　　　　　　　（　　）

    A. 萃取　　　　　　B. 蒸馏　　　　　　C. 滴定　　　　　　D. 色谱法

2. 色谱法中吸附剂含水量越高,则　　　　　　　　　　　（　　）

    A. 吸附力越强　　B. 活性级别越小　　C. 活性越高　　　D. 吸附力越弱

3. 在分配柱色谱中,分配系数大的组分在柱中　　　　　　（　　）

    A. 迁移速度快　　　　　　　　　B. 迁移速度慢

    C. 保留体积小　　　　　　　　　D. 保留时间短

4. 色谱法最大的特点是　　　　　　　　　　　　　　　　（　　）

    A. 定性分析　　　　　　　　　　B. 定量分析

    C. 结果分析　　　　　　　　　　D. 既可分离又可分析混合物

5. 在 IEC 中,交换容量可用于衡量离子交换树脂的　　　　（　　）

    A. 所含交联剂的量　　　　　　　B. 体积

    C. 交换能力　　　　　　　　　　D. 选择性

6. 在离子交换色谱中,交联度可用于衡量离子交换树脂的　（　　）

    A. 所含活性基团数目　　　　　　B. 体积

    C. 交换能力　　　　　　　　　　D. 选择性

7. 一般用亲水性吸附剂(如硅胶、氧化铝等)作色谱分离时,若分离物的极性较
   小,则应选用　　　　　　　　　　　　　　　　　　　（　　）

    A. 吸附性较大的吸附剂,极性较大的洗脱剂

    B. 吸附性较小的吸附剂,极性较大的洗脱剂

    C. 吸附性较小的吸附剂,极性较小的洗脱剂

    D. 吸附性较大的吸附剂,极性较小的洗脱剂

8. 在色谱分离过程中,流动相对物质起着　　　　　　　　（　　）

    A. 滞留作用　　B. 洗脱作用　　　C. 平衡作用　　　D. 分解作用

9. 某物质在流动相中的浓度为 c_m，质量为 m_m；而在固定相中的浓度为 c_s，质量为 m_s，则该物质的分配系数为 （　　）

    A. c_m/c_s B. c_s/c_m C. m_m/m_s D. m_s/m_m

10. 在液—液色谱中，下列叙述正确的是 （　　）

    A. 分配系数大的组分先流出柱   B. 分配系数小的组分先流出柱

    C. 吸附能力大的组分先流出柱   D. 吸附能力小的组分先流出柱

11. 色谱法中载体的作用是 （　　）

    A. 吸附被测离子   B. 支撑固定相

    C. 增大展开剂极性   D. 提高分离效率

12. 凝胶色谱法的分离原理是 （　　）

    A. 分配平衡   B. 吸附平衡   C. 离子交换平衡   D. 渗透平衡

13. 薄层色谱中软板和硬板的区别在于 （　　）

    A. 有无黏合剂   B. 吸附剂取量的多少

    C. 加水量的多少   D. 活化时间的长短

14. 在薄层色谱中，下列哪种是氨基酸的专用显色剂 （　　）

    A. 碘   B. 茚三酮   C. 荧光黄溶液   D. 硫酸溶液

四、简答题

1. 色谱法作为分析方法的最大特点是什么？

2. 简述分配系数与保留时间的关系。

第十四章　气相色谱法

>>> 考试大纲要求

1. 掌握气相色谱法的定性依据,定量分析原理及方法,定性分析与定量分析的应用。

2. 熟悉气相色谱法的特点及其分类,气相色谱仪的基本组成及流程,气相色谱法的基本理论:塔板理论和速率理论,气相色谱的固定相和流动相,气相色谱法中色谱柱及柱温的选择、载气及流速的选择、其他条件的选择。

3. 了解常用的检测器。

>>> 内容提要

1. 气相色谱法的分类、一般流程和系统构成。

2. 气相色谱固定液的要求、分类以及选择原则,载体要求、分类及钝化方法。

3. 气相色谱载气的种类、纯化方法及使用注意事项。

4. 检测器的分类、性能指标,常用的检测器:热导检测器、氢焰离子化检测器和电子捕获检测器。

5. 气相色谱速率理论及色谱条件选择方法。

6. 样品预处理方法。

7. 毛细血管气相色谱法的分类、特点及系统。

8. 气相色谱定性、定量方法。

>>> 配套习题

一、名词解释

1. 色谱流出曲线

2. 基线

3. 死时间

4. 标准差

5. 保留体积

6. 分离度

7. 塔板高度

8. 外标法

9. 峰面积

10. 调整保留时间

二、填空题

1. 为了描述色谱柱效能的指标,人们采用了_____理论。

2. 在线速度较低时，_____项是引起色谱峰扩展的主要因素，此时宜采用相对分子量_____的气体作载气，以提高柱效。

3. 不被固定相吸附或溶解的气体（如空气、甲烷等），从进样开始到柱后出现浓度最大值所需的时间称为_____。

4. 在一定的温度和压力下，组分在固定相和流动相之间的分配达到的平衡，随柱温、柱压变化，而与固定相及流动相体积无关的是_____；既随柱温、柱压变化，又随固定相和流动相的体积变化的是_____。

5. 描述色谱柱效能的指标是_____，柱的总分离效能指标是_____。

6. 气相色谱的仪器一般由_____、_____、_____、_____以及_____组成。

7. 分配比又称_____或_____，是指_____。

8. 气相色谱的浓度型检测器有_____和_____；质量型检测器有_____和_____；其中 TCD 使用_____气体时灵敏度较高；FID 对_____的测定灵敏度较高；ECD 只对_____有响应。

三、选择题

1. 在气相色谱分析中，用于定性分析的参数是　　　　　（　　）

　　A. 保留值　　　　B. 峰面积　　　　C. 分离度　　　　D. 半峰宽

2. 在气相色谱分析中，用于定量分析的参数是　　　　　（　　）

　　A. 保留时间　　　B. 保留体积　　　C. 半峰宽　　　　D. 峰面积

3. 良好的气—液色谱固定液为　　　　　　　　　　　　（　　）

　　A. 蒸气压低、稳定性好

　　B. 化学性质稳定

　　C. 溶解度大，对相邻两组分有一定的分离能力

　　D. A、B 和 C

4. 使用热导池检测器时，选用下列哪种气体作载气时的效果最好　（　　）

　　A. H_2　　　　　B. He　　　　　C. Ar　　　　　D. N_2

5. 下列选项中，不是气相色谱法常用的载气是　　　　　（　　）

　　A. 氢气　　　　　B. 氮气　　　　　C. 氧气　　　　　D. 氦气

6. 色谱体系的最小检测量是指恰能产生与噪声相鉴别的信号时　（　　）

　　A. 进入单独一个检测器的最小物质量

　　B. 进入色谱柱的最小物质量

　　C. 组分在气相中的最小物质量

　　D. 组分在液相中的最小物质量

7. 在气—液色谱分析中，良好的载体为 　　　　　（　　）

   A. 粒度适宜、均匀，表面积大

   B. 表面没有吸附中心和催化中心

   C. 化学惰性、热稳定性好，有一定的机械强度

   D. A、B 和 C

8. 热导池检测器是一种 　　　　　（　　）

   A. 浓度型检测器

   B. 质量型检测器

   C. 只对含碳、氢的有机化合物有响应的检测器

   D. 只对含硫、磷化合物有响应的检测器

9. 使用氢火焰离子化检测器，选用下列哪种气体作载气最合适 （　　）

   A. H_2　　　　　　B. He　　　　　　C. Ar　　　　　　D. N_2

10. 下列因素中，对色谱分离效率最有影响的是 　　　　　（　　）

   A. 柱温　　　　B. 载气的种类　　　C. 柱压　　　　D. 固定液膜厚度

11. 气液色谱中，保留值实际上反映的物质分子间的相互作用力是 （　　）

   A. 组分和载气　　　　　　　　B. 载气和固定液

   C. 组分和固定液　　　　　　　D. 组分和载体、固定液

12. 柱效率用理论塔板数 n 或理论塔板高度 h 表示，柱效率越高，则 （　　）

   A. n 越大，h 越小　　　　　　B. n 越小，h 越大

   C. n 越大，h 越大　　　　　　D. n 越小，h 越小

13. 根据范姆特方程，色谱峰扩张、板高增加的主要原因是 （　　）

   A. 当 u 较小时，分子扩散项　　B. 当 u 较小时，涡流扩散项

   C. 当 u 比较小时，传质阻力项　D. 当 u 较大时，分子扩散项

14. 在气相色谱中，如果试样中组分的沸点范围很宽，分离不理想，可采取的措施为 （　　）

   A. 选择合适的固定相　　　　　B. 采用最佳载气线速

   C. 程序升温　　　　　　　　　D. 降低柱温

15. 要使相对保留值增加，可以采取的措施是 （　　）

   A. 采用最佳线速　　　　　　　B. 采用高选择性固定相

   C. 采用细颗粒载体　　　　　　D. 减少柱外效应

四、判断题

1. 试样中各组分能够被相互分离的基础是各组分具有不同的热导系数。

   （　　）

2. 组分的分配系数越大，表示其保留时间越长。 　　　　　（　　）

3. 热导检测器属于质量型检测器,检测灵敏度与桥电流的三次方成正比。

(　　)

4. 速率理论给出了影响柱效的因素及提高柱效的途径。　　　　　(　　)

5. 在载气流速比较高时,分子扩散成为影响柱效的主要因素。　　(　　)

6. 分离温度提高,保留时间缩短,峰面积不变。　　　　　　　　(　　)

7. 某试样的色谱图上出现三个色谱峰,该试样中最多有三个组分。(　　)

8. 分析混合烷烃试样时,可选择极性固定相,按沸点大小顺序出峰。(　　)

9. 气液色谱分离原理是基于组分在两相间反复多次的吸附与脱附,气固色谱分离的原理是基于组分在两相间反复多次的分配。　　　　　(　　)

10. 色谱柱理论塔板数 n 与保留时间的平方成正比,组分的保留时间越长,色谱柱理论塔板数越大,t_R 值越大,分离效率越高。　　　　　(　　)

五、简答题

1. 简要说明气相色谱分析的基本原理。

2. 气相色谱仪的基本设备包括哪几部分? 各有什么作用?

3. 当下列参数改变时:(1)柱长缩短;(2)固定相改变;(3)流动相流速增加;(4)相比减少,是否会引起分配系数的改变? 为什么?

4. 为什么可用分离度 R 作为色谱柱的总分离效能指标?

第十五章　高效液相色谱法

》》》 考试大纲要求

1. 熟悉高效液相色谱法的主要类型,化学键合相色谱法及其流动相、固定相的选择;高效液相色谱法速率理论的特点及分离条件的选择,高效液相色谱仪的主要部件,定性与定量分析方法。

2. 了解高效液相色谱法与经典液相色谱法、气相色谱法的区别,其他类型高效液相色谱法在分析中的应用。

3. 掌握高效液相色谱仪的基本结构及仪器的基本操作方法,学会使用高效液相色谱仪对药物进行分离与分析的操作技术。

》》》 内容提要

1. 高效液相色谱法的主要类型及其固定相和流动相。

2. 正相化学键合相色谱法,反相化学键合相色谱法。

3. 高效液相色谱法速率理论、分离条件和高效液相色谱仪的主要部件及工作流程。

4. 高效液相色谱仪分离条件的选择,定性和定量分析方法。

》》》 配套习题

一、选择题

1. HPLC 与 GC 比较,可忽略纵向扩散项,主要原因是　　　　　　　　(　　)

   A. 系统压力较高　　　　　　　　　　B. 流速比 GC 的快

   C. 流动相黏度大　　　　　　　　　　D. 柱温低

2. 在反相键合相色谱法中,固定相与流动相的极性关系是　　　　　　(　　)

   A. 固定相的极性＞流动相的极性

   B. 固定相的极性＜流动相的极性

   C. 固定相的极性＝流动相的极性

   D. 不一定,视组分性质而定

3.在反相键合相色谱法中,流动相常用 （　　）

    A. 甲醇—水   B. 正己烷

    C. 水   D. 正己烷—水

4.在正相键合相色谱法中,流动相常用 （　　）

    A 甲醇—水   B. 烷烃加醇类

    C. 水   D. 缓冲盐溶液

5.下列哪种因素将使组分的保留时间变短 （　　）

    A. 减慢流动相的流速

    B. 增加色谱柱柱长

    C. 反相色谱流动相为乙腈—水,增加乙腈比例

    D. 正相色谱的正己烷—二氯甲烷流动相系统中增大正己烷比例

6.用 ODS 柱分析一种弱极性物质,以某一比例甲醇—水为流动相时,样品的 K 值较小,若想增大 K 值,应 （　　）

    A. 增加甲醇的比例   B. 增加水的比例

    C. 增加流速   D. 降低流速

7.在反相键合相色谱法中,若以甲醇—水为流动相,增加甲醇的比例时,组分的容量因子 k 与保留时间 t_R 将有何变化 （　　）

    A. k 与 t_R 增大   B. k 与 t_R 减小

    C. k 与 t_R 不变   D. k 增大,t_R 减小

8.欲测定一种有机弱碱($p_{Ka}=4$),选用下列哪种色谱方法最为合适 （　　）

    A. 反相键合相色谱法   B. 离子抑制色谱法

    C. 离子对色谱法   D. 离子色谱法

9.可用于正相键合相色谱法的固定相有 （　　）

    A. ODS   B. 氨基键合相

    C. 硅胶   D. 高分子多孔微球

10.分离酸性离子型化合物时,应选用的离子对试剂是 （　　）

    A. 四丁基铵磷酸盐   B. 正庚烷基磺酸钠

    C. 磺酸钠   D. 磷酸铵

11.在液相色谱法中,按分离原理分类,液固色谱法属于 （　　）

    A. 分配色谱法   B. 排阻色谱法

    C. 离子交换色谱法   D. 吸附色谱法

12.在高效液相色谱流程中,试样混合物在（　　）中被分离。 （　　）

    A. 检测器   B. 记录器

    C. 色谱柱   D. 进样器

13. 液相色谱流动相过滤必须使用何种粒径的过滤膜 （　　）

    A. 0. 5 μm　　　　B. 0. 45 μm　　　　C. 0. 6 μm　　　　D. 0. 55 μm

14. 在液相色谱中,为了改变色谱柱的选择性,可以进行如下哪些操作 （　　）

    A. 改变流动相的种类或柱子

    B. 改变固定相的种类或柱长

    C. 改变固定相的种类和流动相的种类

    D. 改变填料的粒度和柱长

15. 在液相色谱中,某组分的保留值大小实际反映了哪些部分的分子间作用力 （　　）

    A. 组分与流动相　　　　　　　　B. 组分与固定相

    C. 组分与流动相和固定相　　　　D. 组分与组分

16. 在液相色谱中,为了改变柱子的选择性,可以进行(　　)的操作。 （　　）

    A. 改变柱长　　　　　　　　　　B. 改变填料粒度

    C. 改变流动相或固定相种类　　　D. 改变流动相的流速

17. 液相色谱中通用型检测器是 （　　）

    A. 紫外吸收检测器　　　　　　　B. 示差折光检测器

    C. 热导池检测器　　　　　　　　D. 氢焰检测器

18. 在液相色谱法中,提高柱效最有效的途径是 （　　）

    A. 提高柱温　　　　　　　　　　B. 降低板高

    C. 降低流动相流速　　　　　　　D. 减小填料粒度

二、判断题

1. 液相色谱分析时,增大流动相的流速有利于提高柱效能。 （　　）

2. 高效液相色谱流动相的过滤效果不好,可引起色谱柱堵塞。 （　　）

3. 高效液相色谱分析的应用范围比气相色谱分析的大。 （　　）

4. 反相键合相色谱柱长期不用时,必须保证柱内充满甲醇流动相。 （　　）

5. 高效液相色谱分析中,使用示差折光检测器时,可以进行梯度洗脱。

    （　　）

6. 在液相色谱法中,提高柱效最有效的途径是减小填料粒度。 （　　）

7. 在液相色谱中,范德姆特方程中的涡流扩散项对柱效的影响可以忽略。

    （　　）

8. 由于高效液相色谱流动相系统的压力非常高,因此只能采取阀进样。

    （　　）

9. 高效液相色谱仪的色谱柱可以不用恒温箱,一般可在室温下操作。（　　）

10. 高效液相色谱中,色谱柱前面的预置柱会降低柱效。 （　　）

三、简答题

1. 为什么高效液相色谱仪的流动相在使用前必须过滤、脱气?

2. 高效液相色谱有哪几种定量方法? 其中哪种是比较精确的定量方法? 试简述之。

第二部分 实验教程

实验一　称量练习

一、实验目标

1. 了解台秤和电子天平的基本构造,学习正确的称量方法。
2. 了解天平使用规则,掌握固体试样的称量方法。

二、实验原理

1. 台秤:杠杆原理。
2. 电子天平:电磁力平衡原理。

三、实验资源

仪器:台秤、电子天平、称量瓶、表面皿等。
试剂:$H_2C_2O_4 \cdot 2H_2O$。

四、实验内容及操作步骤

(一)台秤的使用

台称的构造:横梁、托盘、指针、刻度盘、游码、平衡螺丝。

本实验台称的精确度为 0.1 g,最大荷载为 100 g。

使用方法:

1. 称前检查:调零,游码归零位,检查指针是否停在刻度盘的中间位置,如果不在,可调节平衡螺丝。

2. 称量方法:左盘放称量物,右盘放砝码,砝码用镊子夹取。1 g(最大载荷1000 g)或 0.5 g 以下的称量物,可移动游码标尺上的游码,使指针停在刻度盘的中间位置,台秤处于平衡状态,此时指针所停的位置称为停点。零点与停点相符时(允许偏差 1 小格以内),砝码的质量就是称量物的质量。

3. 称后处理:砝码、游码归位,称盘清洁后放在一边。

4. 注意事项:(1)化学药品不能直接放在托盘上;(2)不能称量热的物品;(3)称量完毕后,需将台秤复原;(4)保持台秤整洁。

（二）电子天平的使用

电子天平的使用精确度为 0.1 mg。使用方法如下：

1. 使用前观察天平仪是否水平，如不水平，用水平脚调整水平。

2. 接通电源，预热 20~30 min，以获得稳定的工作温度。

3. 让秤盘空载并轻按"ON"键，天平显示自检（所有字段闪现），当天平回零时称量。

4. 简单称量：打开天平侧门，将物品放在秤盘上，关闭侧门，等到稳定指示符"O"消失后，读取称量结果。

5. 去皮称量：将空容器放在秤盘上，显示其重量值。轻按"→O/T←"键去皮。向空容器中加料，并显示净重值（如将容器从天平上移去，去皮重量值会以负值显示，此值将一直保留到再次按"→O/T←"键或关机）。

6. 称完后，取下被称物，按一下"OFF"键，拔下电源插头，盖上防尘罩。

（三）实验练习

1. 直接称量表面皿的质量，先在台秤上粗称并记录，再在电子天平上准确称量，称准至 2 mg。

2. 用差减法称量草酸两份，要求每份在 0.3~0.4 g 范围内。先在台秤上粗称称量瓶加草酸的质量并记录，再在电子天平上准确称量，称准至 0.1 mg。

3. 数据记录与处理。

五、注意事项

1. 天平应放置在牢固平稳水泥台或木台上，室内要求清洁、干燥并有较恒定的温度，同时应避免光线直接照射到天平上。

2. 使用分析天平称量时应从侧门取放物质，读数时应关闭箱门，以免空气流动引起天平摆动。前门仅在检修或清除残留物质时使用。

3. 电子分析天平若长时间不使用，应定时通电预热，每周一次，每次预热 2 h，以确保仪器始终处于良好使用状态。

4. 挥发性、腐蚀性、强酸强碱类物质应盛于带盖称量瓶内称量，防止腐蚀天平。

六、反馈评价

1. 电子分析天平 FA2004 读数的精度是多少？

2. 在什么情况下用直接法称量？在什么情况下用减量法称量？

实验二　滴定分析基本操作练习

一、实验目标

1. 掌握常用滴定分析仪器的使用方法。

2. 掌握 NaOH、HCl 标准溶液的相互滴定方法。

3. 通过练习滴定操作，初步掌握半滴操作和用甲基橙、酚酞指示剂确定终点的方法。

二、实验原理

0.1 mol/L HCl 溶液和 0.1 mol/L NaOH 溶液的相互滴定：

$$H^+ + OH^- \Longrightarrow H_2O$$

指示剂：甲基橙（pH＝3.1～4.4）或酚酞（pH＝8.0～9.6）。

红　黄　　　　　　无　红

当指示剂一定时，用一定浓度的 HCl 溶液和 NaOH 溶液相互滴定，指示剂变色时所消耗的体积比 V_{HCl}/V_{NaOH} 不变，与被滴定溶液的体积无关。借此可检验滴定操作技术和判断终点的能力。

三、实验资源

仪器：台秤、碱式滴定管、酸式滴定管、移液管、容量瓶、移液管、吸量管等。

试剂：HCl 溶液、NaOH 溶液 、甲基橙指示剂、酚酞指示剂、2 g/L 乙醇溶液。

四、实验内容及操作步骤

1. 碱式滴定管的基本操作练习：以酚酞为指示剂，用 0.1 mol/L NaOH 溶液润洗滴定盐酸。接着用 NaOH 滴定液润洗，再装至"0"刻度线，排除管尖的气泡——调至 0。用移液管移取 20.00 mL 待测 HCl 溶液于锥形瓶中，加入 2 滴酚酞指示剂，用 0.1 mol/L NaOH 溶液润洗滴定至被测溶液由无色变为浅红色，30 s 内不褪色为终点。平行测定 3 次，计算 HCl 溶液的浓度。

2. 酸式滴定管的基本操作练习：以甲基橙为指示剂，用 0.1 mol/L HCl 溶液润洗滴定 NaOH 溶液。用 0.1 mol/L HCl 滴定液润洗,再装至"0"刻度线,排气泡——调至 0。用移液管移取 20.00 mL 待测 NaOH 溶液于锥形瓶中,加入 2 滴甲基橙指示剂,用 HCl 溶液滴定至橙色。平行测定 3 次,计算 NaOH 溶液的浓度。

3. 容量瓶的基本操作练习:试漏→转移溶液(以水代替)→润洗烧杯→再次转移溶液→定容→摇匀。

4. 移液管的基本操作练习:20.00 mL 移液管→待装溶液润洗(以容量瓶中的水代替)→吸液→调液面→放液至锥形瓶。

五、注意事项

1. 在酸碱相互滴定时,滴定速度不要成流水线。

2. 在酸碱相互滴定近终点时,半滴操作,用洗瓶冲洗。

六、反馈评价

1. 配制 NaOH 溶液时,应选用何种天平称取试剂? 为什么?

2. HCl 溶液和 NaOH 溶液能直接配制准确浓度吗? 为什么?

3. 在滴定分析实验中,滴定管和移液管为何需用滴定剂和待移取的溶液润洗几次? 锥形瓶是否也要用滴定剂润洗?

实验三 盐酸标准溶液的配制和标定

一、实验目标

1. 学会用无水碳酸钠作基准物质标定盐酸的方法。
2. 熟练掌握容量瓶、移液管及滴定管的使用方法。
3. 掌握滴定操作及甲基橙指示剂滴定终点的判断。

二、实验原理

浓盐酸易挥发,因此,不能采用直接配制法来标定盐酸。应先配制成近似浓度的溶液,再用基准物质来标定其准确浓度。也可以用另一种已知准确浓度的标准溶液滴定该溶液,根据两标准溶液的体积数求得该溶液的浓度。

标定 HCl 溶液常用的基准物质是无水碳酸钠(Na_2CO_3)或硼砂,无水 Na_2CO_3 易制得纯品,价格便宜,但吸湿性强,使用前应在 $500 \sim 600\ ℃$ 下干燥至恒重,其标定反应如下:

$$Na_2CO_3 + 2HCl = 2NaCl + CO_2 \uparrow + H_2O$$

在化学计量点时,溶液为 pH=3.9 的 H_2CO_3 饱和溶液,pH 突跃范围为5.0～3.5,可用甲基橙或溴甲酚绿—甲基红混合指示剂指示终点,临近终点时应将溶液剧烈摇动或加热,以减小 CO_2 的影响。

三、实验资源

仪器:电子天平、容量瓶(100 mL)、移液管(20 mL)、酸式滴定管(25 mL)、锥形瓶(250 mL)、量筒(10 mL)、试剂瓶、烧杯等。

试剂:浓盐酸(相对密度为 1.19)、无水 Na_2CO_3(AR,在 $500 \sim 600\ ℃$ 的烘箱内干燥至恒重,置干燥器内冷却后备用)、甲基橙指示剂(0.1%)。

四、实验内容及操作步骤

1. 0.1 mol/L HCl 溶液的配制。用小量筒量取浓盐酸4.5 mL,倒入预先盛有适量水的试剂瓶中(在通风柜中进行),加水稀释至 500 mL,摇匀,贴上标签。

2. HCl 溶液的标定。精密称取 0.06 g 无水 Na_2CO_3 3 份，分别置于250 mL锥形瓶中。然后加入 25 mL 蒸馏水使之溶解，再加入 2～3 滴甲基橙指示剂，用待标定的 HCl 溶液滴定至溶液的黄色恰变为橙色即为终点，计算 HCl 溶液的浓度。

计算公式：$c_{HCl} = \dfrac{2m}{M_{Na_2CO_3} \times V_{HCl}} \times 1000$　（$M_{Na_2CO_3} = 105.99$ g/mol）

五、实验记录与数据处理

将实验数据与计算结果填入下表：

HCl 溶液浓度的标定	Ⅰ	Ⅱ	Ⅲ
$m(Na_2CO_3)$ /g			
$M(Na_2CO_3)$ /(g/mol)			
$V(HCl)$ /mL			
$c(HCl)$ /(mol/L)			
$\bar{c}$ (HCl) /(mol/L)			
相对平均偏差/%			

六、注意事项

1. 滴定管在装满前，应用待装溶液润洗内壁 3 次，以免标准溶液浓度发生改变。

2. 在每次滴定结束后，应先将标准溶液加至滴定管零刻度，再开始下一份溶液的滴定，以减小误差。

七、反馈评价

1. 配制盐酸标准溶液时能否用直接配制法？为什么？

2. 为什么无水 Na_2CO_3 要干燥至恒重？

3. 除用基准物质标定盐酸外，还可用什么方法标定盐酸？

实验四　药用硼砂的含量测定

一、实验目标

1. 掌握用中和法测定硼砂含量的原理和操作方法。

2. 掌握甲基红指示剂的滴定终点。

二、实验原理

硼砂($Na_2B_4O_7 \cdot 10H_2O$)有较大的相对分子质量,称量误差小,无吸湿性,也易制得纯品,其缺点是在空气中易风化失去结晶水。其标定反应如下:

$$Na_2B_4O_7 + 2HCl + 5H_2O \Longrightarrow 4H_3BO_3 + 2NaCl$$

滴定至化学计量点时为 H_3BO_3 的水溶液,此时溶液的 pH 可根据生成的硼酸的浓度及它的电离常数来计算:设用 HCl 溶液(0.1 mol/L)滴定 $Na_2B_4O_7$ 溶液(0.05 mol/L),化学计量点时溶液稀释1倍,浓度应为 0.025 mol/L,因此,化学计量点时,

$$[H^+] = \sqrt{C \times K_a}$$

三、实验资源

仪器:电子天平、酸式滴定管(25 mL)、量筒(50 mL)、锥形瓶(250 mL)等。

试剂:甲基红指示剂、硼砂($Na_2B_4O_7 \cdot 10H_2O$)样品、HCl 标准溶液。

四、实验内容及操作步骤

1. 精密准确称取药用硼砂 0.38 g,共 3 份,分别置于锥形瓶中,加 20 mL 蒸馏水溶解后,加甲基橙指示剂 1～2 滴,溶液呈黄色,用 HCl 溶液滴定至溶液由黄色变为橙色即为终点,记录终点读数(每 1 mL 的 0.1 mol/L HCl 溶液相当于 19.07 mg 的 $Na_2B_4O_7 \cdot 10H_2O$)。

2. 平行滴定 3 次,记录终点读数。

3. 计算公式:$c(HCl) = \dfrac{2 \times m(硼砂) \times 1000}{M(硼砂)V(HCl)}$

五、实验记录与数据处理

HCl 标准溶液浓度/(mol/L)			
实验序号	1	2	3
滴定用 HCl 溶液体积 V/mL			
$Na_2B_4O_7 \cdot 10H_2O$ 含量			
$Na_2B_4O_7 \cdot 10H_2O$ 平均含量			

六、注意事项

1. 硼砂不易溶解,必要时要加热。

2. 终点应为橙色,若偏红,则滴定过量。

七、反馈评价

1. 若提供硼砂和硼酸的混合物样品,你将怎样设计分析方案?

2. 用 1 mol/L HCl 溶液滴定硼砂的实验中,能用甲基橙指示终点吗? 若用酚酞作指示剂,会产生多大误差?

3. 哪些盐类可用酸碱滴定法的直接法进行测定?

4. 称取硼砂样品 0.38 g 是如何确定的? 如倒出过多,其重量达 0.4125 g,则是否需要重称?

实验五　药用氢氧化钠的含量测定

一、实验目标

1. 掌握双指示剂法测定药用氢氧化钠含量的原理、方法和计算。
2. 进一步熟练滴定操作和滴定终点的判断。

二、实验原理

NaOH 固体容易吸收空气中的水分和 CO_2，易使溶液中含有少量 Na_2CO_3。

$$2NaOH + CO_2 = Na_2CO_3 + H_2O$$

因此，药用 NaOH 实际上是 NaOH 和 Na_2CO_3 的混合物，其各自的含量可用 HCl 标准溶液滴定，用双指示剂法指示终点。

在混合碱的试液中先加入酚酞指示剂，用 HCl 标准溶液滴定至溶液呈微红色。此时试液中所含 NaOH 完全被中和，Na_2CO_3 也被滴定成 $NaHCO_3$，反应如下：

$$NaOH + HCl = NaCl + H_2O$$

$$Na_2CO_3 + HCl = NaCl + NaHCO_3$$

设滴定体积为 V_1 mL，加入甲基橙指示剂，继续用 HCl 标准溶液滴定至溶液由黄色变为橙色即为终点。此时 $NaHCO_3$ 被中和成 H_2CO_3，反应为：

$$NaHCO_3 + HCl = NaCl + H_2O + CO_2 \uparrow$$

设此时消耗 HCl 标准溶液的体积为 V_2 mL，根据 V_1 和 V_2 可以判断出混合碱的组成。设试液的体积为 V mL。

当 $V_1 > V_2$ 时，试液为 NaOH 和 Na_2CO_3 的混合物，NaOH 和 Na_2CO_3 的含量（以质量浓度表示，单位为 g/L）可由下式计算：

$$w_{NaOH} = \frac{(V_1 - V_2) c_{HCl} M_{NaOH}}{V}$$

$$w_{Na_2CO_3} = \frac{2V_2 c_{HCl} M_{Na_2CO_3}}{2V}$$

当 $V_1 < V_2$ 时，试液为 Na_2CO_3 和 $NaHCO_3$ 的混合物，NaOH 和 Na_2CO_3 的含量（以质量浓度表示，单位为 g/L）可由下式计算：

$$w_{Na_2CO_3} = \frac{2V_1 c_{HCl} M_{Na_2CO_3}}{2V}$$

$$w_{NaHCO_3} = \frac{(V_2 - V_1) c_{HCl} M_{NaHCO_3}}{V}$$

三、实验资源

仪器：酸式滴定管、100 mL 容量瓶、250 mL 锥形瓶、移液管等。

试剂：0.10 mol/L 盐酸标准溶液、1 g/L 甲基橙水溶液、1 g/L 酚酞、药用 NaOH 样品。

四、实验内容及操作步骤

1. 样品溶液的配制。精密称取药用 NaOH 样品 0.35 g，加入 50 mL 烧杯中，加少量蒸馏水溶解，定量转移至 100 mL 容量瓶，加蒸馏水至刻度线，摇匀。

2. 测定。准确移取 25 mL 样品溶液 3 份，分别加入 250 mL 锥形瓶中，加 2～3 滴酚酞，用 HCl 标准溶液（0.10 mol/L）滴定至溶液由红色变为无色，此时为第一终点，记下 HCl 标准溶液体积 V_1，再加入 2 滴甲基橙，继续用 HCl 标准溶液滴定至溶液由黄色变橙色，此时为第二终点，记下 HCl 标准溶液体积 V_2。平行测定 3 次，根据 V_1、V_2 的大小判断混合物的组成，计算各组分的含量。

五、实验记录与数据处理

盐酸标准溶液浓度/(mol/L)			
实验编号	1	2	3
取混合碱液体积 V/mL		25.00	
HCl：第一滴定终点读数/mL			
初始读数/mL			
净用量 V_1/mL			
HCl：第二滴定终点读数/mL			
初始读数/mL			
净用量 V_2/mL			
药用 NaOH 的组成			
$\omega(Na_2CO_3)/(g/L)$			
$\omega(NaHCO_3)/(g/L)$			
$\omega(NaOH)/(g/L)$			

六、注意事项

1. 样品溶液含有大量 OH^- 离子,滴定前不应久置于空气中,否则溶液吸收 CO_2 使 NaOH 的量减少,而 Na_2CO_3 的量增多。

2. 当混合碱由 NaOH 和 Na_2CO_3 组成时,酚酞指示剂可适当多加几滴,否则常因滴定不完全而使 NaOH 的测定结果偏低,Na_2CO_3 的测定结果偏高。

3. 用甲基橙作指示剂时,因 CO_2 易形成过饱和溶液,酸度增大,使终点过早出现,所以在滴定接近终点时,应剧烈地摇动溶液或加热,以除去过量的 CO_2,待冷却后再滴定。

七、反馈评价

1. 为什么 HCl 和 NaOH 标准溶液一般都用标定配制,而不用直接法配制?

2. 要想从滴定管中流出半滴溶液,应如何操作?

3. 为什么指示剂的量只加 1～2 滴? 加多了有什么不好?

4. 用 Na_2CO_3 作基准物质标定 HCl 溶液时,为什么不用酚酞作指示剂?

5. 无水 Na_2CO_3 如保存不当,吸有少量水分,对标定 HCl 溶液浓度有何影响? 用双指示剂法测定药用 NaOH 组成的原理是什么? 欲测定混合碱中总碱度,应先用何种指示剂?

6. 用双指示剂法测定混合碱试液,判断混合碱的组成:

(1) 当 $V_1 \neq 0$,$V_2 = 0$ 时;

(2) 当 $V_1 = 0$,$V_2 \neq 0$ 时;

(3) 当 $V_1 = V_2$ 时;

(4) 当 $V_1 > V_2$ 时;

(5) 当 $V_1 < V_2$。

7. 如果 NaOH 标准溶液在保存过程中吸收了 CO_2,用该标准溶液滴定盐酸,以甲基橙为指示剂,对测定结果有无影响? 若用酚酞为指示剂进行滴定,又怎样? 为什么?

实验六　EDTA 标准溶液的配制与标定

一、实验目标

1. 掌握 EDTA 标准溶液配制和标定的方法。

2. 掌握滴定液标定的原理。

3. 学会运用金属指示剂确定终点的方法。

二、实验原理

EDTA 标准溶液常用乙二胺四乙酸的二钠盐（EDTA・2Na・$2H_2O$＝392.28)配制。EDTA・2Na・$2H_2O$ 是白色结晶粉末,可以制成基准物质,但一般不直接用 EDTA 配制标准溶液,而是先配制成大致浓度的溶液,然后以 $ZnSO_4$・$7H_2O$ 为基准物来标定其浓度。滴定是在 pH≈10 的条件下进行的,铬黑 T 为指示剂,滴定终点时溶液由紫红色变为纯蓝色。滴定过程中的反应为:

$$Zn^{2+}＋HIn^{2-}\Longrightarrow ZnIn^-＋H^+$$

$$Zn^{2+}＋H_2Y^{2-}\Longrightarrow ZnY^{2-}＋2H^+$$

滴定终点时:

$$ZnIn^-＋H_2Y^{2-}\Longrightarrow ZnY^{2-}＋HIn^{2-}＋H^+$$

$$\text{紫红色}\qquad\qquad\qquad\text{纯蓝色}$$

三、实验资源

仪器:电子天平、称量瓶、酸式滴定管、烧杯、锥形瓶、试剂瓶等。

试剂:EDTA・2Na・$2H_2O$、蒸馏水、$ZnSO_4$、氨试液、NH_3・H_2O—NH_4Cl 缓冲液(pH＝10.0)、铬黑 T 指示剂等。

四、实验内容及操作步骤

1. EDTA 标准溶液(0.05 mol/L)的配制:称取 EDTA・2Na・$2H_2O$ 约 9.5 g,加蒸馏水 500 mL 使其溶解,摇匀,储存在硬质玻璃瓶或聚乙烯塑料瓶中。

2. EDTA 标准溶液(0.05 mol/L)的标定:精密称取基准物 $ZnSO_4$ 约 0.42 g,加蒸

馏水 25 mL、$NH_3 \cdot H_2O$—NH_4Cl 缓冲液(pH＝10.0)10 mL 和铬黑 T 指示剂少量，用 EDTA 溶液滴定至溶液自紫红色变为纯蓝色，即为终点。平行测定 3 次。

3. 计算公式：

$$c_{EDTA} = \frac{w_{ZnO}}{V_{EDTA}(mL) \times \dfrac{ZnO}{1000}} \quad (M_{ZnO} = 81.38 \text{ g/mol})$$

五、实验记录与数据处理

项目	编号	1	2	3
EDTA 标准溶液 滴定	滴定管初读数 $V_{初}$/mL			
	滴定管终读数 $V_{终}$/mL			
	实际 EDTA 消耗体积 V/mL			
结果 计算	$c_{(EDTA)}$/(mol/L)			
	$\bar{c}_{(EDTA)}$/(mol/L)			

六、注意事项

1. $EDTA \cdot 2Na \cdot 2H_2O$ 在水中溶解较慢，可加热使其溶解或放置过夜。

2. 储存 EDTA 溶液应选用硬质玻璃瓶，如用聚乙烯瓶储存则更好。避免与橡皮塞或橡皮管接触。

七、反馈评价

1. 为什么在滴定时要加 $NH_3 \cdot H_2O$—NH_4Cl 缓冲液？

2. 为什么 ZnO 溶解后要加甲基红指示剂并用氨试液调节至微黄色？

实验七　自来水总硬度的测定

一、实验目标

1. 掌握铬黑 T 指示剂的应用方法，了解金属指示剂的特点。
2. 掌握 EDTA 测定水硬度的原理和方法。
3. 了解水硬度测定的意义和常用的硬度表示方法。

二、实验原理

水硬度的测定分为水的总硬度以及钙—镁硬度两种，前者是测定 Ca、Mg 总量，后者则是分别测定 Ca 和 Mg 的含量。

世界各国表示水硬度的方法不尽相同。我国以 mmol/L 或 mg/L（$CaCO_3$）为单位表示水的硬度。一般采用配位滴定法测定水的总硬度。即在 pH＝10 的氨性溶液中，用铬黑 T 作指示剂，用 EDTA 标准溶液直接滴定水中的 Ca^{2+}、Mg^{2+}，直至溶液由紫红色经紫蓝色转变为蓝色，即为终点。反应如下：

滴定前：

$$EBT + Me(Ca^{2+}、Mg^{2+}) = Me—EBT$$
$$（蓝色）\qquad\qquad\qquad （紫红色）\qquad pH＝10$$

滴定开始至化学计量点前：

$$H_2Y^{2-} + Ca^{2+} = CaY^{2-} + 2H^+$$
$$H_2Y^{2-} + Mg^{2+} = MgY^{2-} + 2H^+$$

化学计量点时：

$$H_2Y^{2-} + Mg—EBT = MgY^{2-} + EBT + 2H^+$$
$$（紫蓝色）\qquad\qquad （蓝色）$$

滴定时，Fe^{3+}、Al^{3+} 等干扰离子用三乙醇胺掩蔽，Cu^{2+}、Pb^{2+}、Zn^{2+} 等重金属离子可用 KCN、Na_2S 或巯基乙酸掩蔽。

三、实验资源

仪器:碱式滴定管、20 mL 移液管、250 mL 锥形瓶、烧杯等。

试剂：EDTA 溶液、NH_3—NH_4Cl 缓冲溶液、铬黑 T 指示剂、1∶1HCl 溶液、氨水(1＋2)溶液、三乙醇胺溶液、Na_2S、Mg^{2+}—EDTA 溶液。

四、实验内容及操作步骤

1. EDTA 标准溶液(0.01 mol/L)的配制：用移液管移取 0.05 mol/L EDTA 标准溶液 50 mL，注入 250 mL 锥形瓶中，加蒸馏水稀释至标线，摇匀备用。

2. 水硬度的测定：用移液管移取水样 50 mL，注入 250 mL 锥形瓶中，加 2 mL NH_3—NH_4Cl 缓冲溶液，指示剂铬 T 5 滴，立即用 0.01 mol/L EDTA 标准溶液滴定至溶液由红色变为蓝紫色，即为终点，平行测定 3 次。

本实验以 $CaCO_3$ 的质量浓度(mg/L)表示水的硬度。我国生活饮用水的总硬度以 $CaCO_3$ 计，不得超过 450 mg/L。

计算公式：

$$水硬度 = \frac{c \times V}{水样体积} \times 100.09 (mg/L)$$

式中 c 为 EDTA 的浓度，V 为 EDTA 的体积，100.09 为 $CaCO_3$ 的相对分子质量。

五、实验记录与数据处理

c_{EDTA}/(mol/L) 项目 ＼ 编号	1	2	3
水样体积/mL			
EDTA 标准溶液最后读数/mL			
EDTA 标准溶液最初读数/mL			
标定用 EDTA 标液体积/mL			
水总硬度/(mg/L)			
平均值			
相对偏差			

六、注意事项

如果自来水中 Mg^{2+} 的浓度小于 Ca^{2+} 浓度的 1/20，则需在滴定前再加入 5 mL Mg^{2+}—EDTA 溶液。

七、反馈评价

1. 滴定为什么要在缓冲溶液中进行？如果没有缓冲溶液存在，将会导致什么现象发生？

2. 本实验所使用的 EDTA，应该采用何种指示剂标定？最适当的基准物质是什么？

实验八　葡萄糖酸锌的含量测定

一、实验目标

1. 掌握用 EDTA 标准溶液滴定法测定葡萄糖酸锌的原理及方法。
2. 进一步巩固 EDTA 标准溶液滴定法的操作。

二、实验原理

向样品加水，微温使其溶解，加氨—氯化铵缓冲液（pH＝10.0），用铬黑 T 作指示剂，用乙二胺四乙酸二钠滴定液（0.05 mol/L）滴定至溶液由紫红色转变为纯蓝色。读出乙二胺四乙酸二钠滴定液的使用量，计算葡萄糖酸锌的含量。

$$Zn^{2+} + HIn^{2-} \rightleftharpoons ZnIn^- + H^+$$
$$Zn^{2+} + H_2Y^{2-} \rightleftharpoons ZnY^{2-} + 2H^+$$

终点时：

$$ZnIn^- + H_2Y^{2-} \rightleftharpoons ZnY^{2-} + HIn^{2-} + H^+$$
$$\text{紫红色} \qquad\qquad\qquad \text{纯蓝色}$$

三、实验资源

试剂：水（新沸放置至室温）、乙二胺四乙酸二钠滴定液（0.05 mol/L）、基准葡萄糖酸锌、铬黑 T 指示剂、氨—氯化铵缓冲液（pH＝10.0）。

仪器：电子天平、称量瓶、酸式滴定管、量杯、烧杯、锥形瓶等。

四、实验内容及操作步骤

1. 取本品 20 片，精密称量，研细，精密称取适量（约相当于葡萄糖酸锌 0.7 g），加水 100 mL，微温使其溶解，加氨—氯化铵缓冲液（pH＝10.0）5 mL 与铬黑 T 指示剂少许，用乙二胺四乙酸二钠滴定液（0.05 mol/L）滴定至溶液由紫色转变为纯蓝色。记录消耗乙二胺四乙酸二钠滴定液的体积数（mL），每 1 mL 乙二胺四乙酸二钠滴定液（0.05 mol/L）相当于 22.78 mg 的 $C_{12}H_{22}O_{14}Zn$。平行测定 3 次，记下 EDTA 标准溶液消耗的体积。

2. 计算公式：

$$\omega_{C_{12}H_{22}O_{14}Zn}(\%) = \frac{c_{EDTA} \cdot v_{EDTA} \cdot \dfrac{M_{C_{12}H_{22}O_{14}Zn}}{1000}}{S} \cdot 100\%$$

五、实验记录与数据处理

项目	编号	1	2	3
EDTA 标准溶液 滴定	滴定管初读数 $V_初$ /mL			
	滴定管终读数 $V_终$ /mL			
	实际 EDTA 消耗体积 V /mL			
结果计算	葡萄糖酸锌含量/%			

六、注意事项

葡萄糖酸锌在冷水中溶解的速度较慢,故应微热溶解,冷却后再测定。

七、反馈评价

1. 用铬黑 T 作指示剂时,为什么要控制溶液的 pH 在 10 左右?

2. 用 EDTA 滴定液测定锌离子含量时,能用二甲酚橙作指示剂吗?

实验九　$Na_2S_2O_3$标准溶液的配制与标定

一、实验目标

1. 掌握 $Na_2S_2O_3$ 标准溶液的配制方法和注意事项。

2. 学习使用碘量瓶的方法,能正确判断淀粉指示液指示终点。

3. 了解置换碘量法的过程和原理,并掌握用基准物 $K_2Cr_2O_7$ 标定 $Na_2S_2O_3$ 溶液浓度的方法。

二、实验原理

硫代硫酸钠($Na_2S_2O_3$)标准溶液通常用 $Na_2S_2O_3 \cdot 5H_2O$ 配制,由于 $Na_2S_2O_3$ 遇酸即迅速分解产生 S,因此,配制时若水中含 CO_2 较多,则 pH 偏低,容易使配制的 $Na_2S_2O_3$ 变混浊。另外,水中若有微生物,也能够慢慢分解 $Na_2S_2O_3$。因此,配制 $Na_2S_2O_3$ 通常用新煮沸放冷的蒸馏水,并先在水中加入少量 Na_2CO_3,然后再把 $Na_2S_2O_3$ 溶于其中。

标定 $Na_2S_2O_3$ 溶液可用 $KBrO_3$、KIO_3、$K_2Cr_2O_7$、$KMnO_4$ 等氧化剂,其中 $K_2Cr_2O_7$ 最常用。标定时采用置换滴定法,使 $K_2Cr_2O_7$ 先与过量 KI 作用,再用欲标定浓度的 $Na_2S_2O_3$ 溶液滴定析出 I_2。第一步反应为:

$$Cr_2O_7^{2-} + 14H^+ + 6I^- =\!=\!= 3I_2 + 2Cr^{3+} + 7H_2O$$

在酸度较低时,此反应完成较慢,若酸度太强,又有使 KI 被空气氧化生成 I_2 的危险,因此,必须注意酸度的控制并避光放置 10 min,此反应才能定量完成。第二步反应为:

$$2S_2O_3^{2-} + I_2 =\!=\!= S_4O_6^{2-} + 2I^-$$

第一步反应析出的 I_2 用 $Na_2S_2O_3$ 溶液滴定,以淀粉溶液作指示剂。淀粉溶液与 I_2 分子形成蓝色可溶性吸附化合物,使溶液呈蓝色。达到终点时,溶液中的 I_2 全部与 $Na_2S_2O_3$ 作用,则蓝色消失。但开始 I_2 太多,被淀粉吸附得过牢,就不易被完全夺出,并且也难以观察终点,因此,必须在滴定至近终点时方可加入淀粉溶液。

$Na_2S_2O_3$ 与 I_2 的反应只能在中性或弱酸性溶液中进行,因为在碱性溶液中会发生下面的副反应:

$$S_2O_3^{2-}+4I^-+10OH^-\!=\!=\!=2SO_4^{2-}+8I^-+5H_2O$$

而在酸性溶液中 $Na_2S_2O_3$ 又易分解：

$$S_2O_3^{2-}+2H^+\!=\!=\!=S\!\downarrow+SO_2\!\uparrow+H_2O$$

所以，滴定以前，溶液应加以稀释，一为降低酸度，二为使终点时溶液中的 Cr^{3+} 不致颜色太深，影响观察终点。另外，KI 浓度不可过大，否则 I_2 与淀粉所显颜色偏红紫，也不利于观察终点。

三、实验资源

仪器：电子天平、台秤、碱式滴定管、锥形瓶（250 mL）、移液管（20 mL）、容量瓶（250 mL）、烧杯、碘量瓶（250 mL）等。

试剂：$K_2Cr_2O_7(s)$、$Na_2S_2O_3\cdot5H_2O(s)(AR)$、$Na_2CO_3(s)(AR)$、KI（20%）、HCl 溶液（6mol/L）、淀粉溶液（0.5%）、HCl 溶液（4 mol/L）。

四、实验内容及操作步骤

1. $Na_2S_2O_3$ 溶液（0.1 mol/L）的配制：在 500 mL 含有 0.2 g Na_2CO_3 的新煮沸放冷的蒸馏水中加入 $Na_2S_2O_3\cdot5H_2O$ 13 g，使其完全溶解，放置 1 周后再标定。

2. $Na_2S_2O_3$ 溶液的标定：

（1）精密称取基准物 $K_2Cr_2O_7$ 0.5 g 于小烧杯中，加水使其溶解，定量转移到 100 mL 容量瓶中，加水至刻线，混匀备用。

（2）用移液管量取 20.00 mL $K_2Cr_2O_7$ 溶液于碘量瓶中，加 KI 2 g、蒸馏水 15 mL、HCl 溶液（4 mol/L）5 mL，密塞、摇匀，封水，在暗处放置 10 min。

（3）加蒸馏水 50 mL 稀释，用 $Na_2S_2O_3$ 溶液滴定至终点，加淀粉指示液 2 mL，继续滴定至蓝色消失而显亮绿色，即达终点。

（4）重复标定 3 次，相对偏差不能超过 0.2%。

为防止反应产物 I_2 的挥发损失，平行实验的碘化钾试剂不要在同一时间加入，应做一份加一份。

（5）结果计算：

$$6I^-+Cr_2O_7^{2-}+14H^+\!=\!=\!=2Cr^{3+}+3I_2+7H_2O$$
$$I_2+2S_2O_3^{2-}\!=\!=\!=2I^-+S_4O_6^{2-}$$

$$n(K_2Cr_2O_7)=n(Cr_2O_7^{2-})=n(3I_2)=n(6S_2O_3^{2-})=\frac{1}{6}n(Na_2S_2O_3)$$

即 $\dfrac{m_{K_2Cr_2O_7}}{294.19}\times1000=\dfrac{1}{6}(cV)_{Na_2S_2O_3}$

或 $(cV)_{K_2Cr_2O_7}=\dfrac{1}{6}(cV)_{Na_2S_2O_3}$

五、实验记录与数据处理

数据 次数 内容		1	2	3
$K_2Cr_2O_7$(碘量瓶)/mL		10.00	10.00	10.00
H_2O/mL		10		
KI(s)/g		2		
2 mol/L HCl/mL		10		
混合、盖塞、置于暗处/min		5		
H_2O/mL		50		
淀粉指示剂/mL		2		
$Na_2S_2O_3$ 滴定	初读数/mL			
	终读数/mL			
	净体积/mL			
$c(Na_2S_2O_3)$				
平均浓度				

六、注意事项

1. $K_2Cr_2O_7$ 与 KI 反应进行较慢,在稀溶液中尤慢,故在加水稀释前,应放置 10 min,使反应完全。

2. 滴定前,溶液要加水稀释。

3. 酸度影响滴定,HCl 应保持在 0.2~0.4 mol/L 的范围内。

4. KI 要过量,但浓度不能超过 4%,因为碘离子浓度太高时,淀粉指示剂的颜色转变不灵敏。

5. 出现终点回褪现象时,如果不是很快变蓝,可认为是由于空气中氧的氧化作用造成的,不影响结果;如果很快变蓝,说明 $K_2Cr_2O_7$ 与 KI 反应不完全。

6. 近终点(即绿色带点棕色)时,才可加指示剂。

7. 滴定开始时,要保持快滴慢摇,但近终点时,要慢滴,并用力振摇,防止吸附。

七、反馈评价

1. 配制 $Na_2S_2O_3$ 溶液时为什么要提前 2 周? 为什么用新煮沸放冷的蒸馏水?

2. 标定 $Na_2S_2O_3$ 标准溶液时为什么要控制酸度在一定范围内? 酸度过高或过低有何影响? 为什么滴定前要先放置 10 min? 为什么要先加 50 mL 水稀释后再滴定?

3. KI 为什么必须过量？其作用是什么？

4. 如何防止 I_2 的挥发和空气氧化 I^-？

5. 为什么在滴定至近终点时才加入淀粉指示液？过早加入会出现什么现象？

6. 为什么要求使用碱式滴定管进行硫代硫酸钠溶液的标定？

实验十　I_2标准溶液的配制与标定

一、实验目标

1. 掌握碘标准溶液的配制方法和注意事项。
2. 了解直接碘量法的操作过程。

二、实验原理

用升华法制得的纯碘,可以直接用于配制标准溶液。由于碘在室温时的蒸气压为 0.31 mmHg,故称量时易引起损失;另外,碘蒸气对天平零件具有一定的腐蚀作用。碘标准溶液采用间接法配制。碘在纯水中的溶解度很小,通常都是利用 I_2 与 I^- 生成 I_3^- 络离子的反应,配制成有过量碘化钾存在的碘溶液,I_3^- 的形成增大了碘的溶解度,也减小了碘的挥发损失。

由于光照和受热都能促使溶液中 I^- 的氧化,因此,配制好的含有碘化钾的碘标准溶液应放在棕色瓶中,置于暗处保存。

通常用 As_2O_3 直接标定 I_2 溶液的浓度。但由于 As_2O_3 具有剧毒而不常用,因此也可先标出 $Na_2S_2O_3$ 溶液浓度,然后用 $Na_2S_2O_3$ 溶液标定 I_2 溶液浓度。

$$I_2 + 2S_2O_3^{2-} = 2I^- + S_4O_6^{2-}$$

三、实验资源

仪器:分析天平、台秤、酸式滴定管、锥形瓶(250 mL)、移液管(20 mL)、容量瓶(200 mL)、烧杯、碘量瓶(250 mL)等。

试剂:碘片、固体碘化钾、淀粉指示剂、$Na_2S_2O_3$ 标准溶液等。

四、实验内容及操作步骤

1. I_2溶液(0.05 mol/L)的配制:称取 I_2 6.5 g,加 KI 溶液(将 36 g KI 溶于 30 mL水中),溶解后,加浓盐酸 3 滴与蒸馏水 500 mL,盛于棕色瓶中,摇匀,用垂熔玻璃滤器过滤。

2. I_2溶液的标定。

（1）用 $Na_2S_2O_3$ 溶液标定：准确量取 I_2 溶液 20 mL，加蒸馏水 100 mL 及 HCl 溶液（4 mol/L）5 mL，用 $Na_2S_2O_3$ 溶液（0.1 mol/L）滴定，近终点时加淀粉指示液 2 mL，继续滴定至蓝色消失。标定操作平行重复 3 次，相对偏差不超过 0.2%，根据 $Na_2S_2O_3$ 溶液消耗的体积算出 I_2 溶液的物质的量浓度。

（2）计算公式：

$$I_2 + 2S_2O_3^{2-} \longrightarrow 2I^- + S_4O_6^{2-}$$

$$(cV)_{I_2} = n(I_2) = n(2S_2O_3^{2-}) \longrightarrow \frac{1}{2}n(Na_2S_2O_3) = \frac{1}{2}(cV)_{Na_2S_2O_3}$$

$$c(I_2) = \frac{1}{2}c(Na_2S_2O_3) \times \frac{V(Na_2S_2O_3)}{V(I_2)}$$

五、实验记录与数据处理

数据＼次数　内容		1	2
I_2 溶液（实验室提供）/mL		20.00	20.00
H_2O/mL		50	50
淀粉指示剂/mL		2	2
$Na_2S_2O_3$ 滴定	初读数/mL		
	终读数/mL		
	净体积/mL		
数据处理	$\frac{V(Na_2S_2O_3)}{V(I_2)}$		
	$c(I_2)$		
	平均浓度		

六、注意事项

1. 配制碘标准溶液时加入浓盐酸的目的有两个。其一是把 KI 试剂中可能含有的 KIO_3 杂质在标定前通过下列反应还原成 I_2：$IO_3^- + 5I^- + 6H^+ = 3I_2 + 3H_2O$，以免影响以后的测定。其二是在配制硫代硫酸钠标准溶液时加入了少量的碳酸钠，在碘溶液中加入盐酸，保证滴定反应不致在碱性环境中进行。

2. 碘溶液对橡胶有腐蚀作用，必须放在酸式滴定管里滴定。

3. 碘在稀碘化钾溶液中溶解速度缓慢，故通常将其溶于浓碘化钾溶液中，待完全溶解后再进行稀释。

七、反馈评价

1. 配制 I_2 标准溶液时为什么要加 KI？将称好的 I_2 和 KI 一起加水到一定体积是否可以？

2. 碘标准溶液为深棕色，装入滴定管中后弯月面看不清楚，应如何读数？

3. 配制碘溶液时，为什么要加入 3 滴浓盐酸？

实验十一　维生素 C 含量的测定

一、实验目标

1. 熟悉碘标准溶液的配制与标定。
2. 熟悉直接碘量法测定维生素 C 含量的原理、方法和操作。

二、实验原理

维生素 C 即抗坏血酸，分子式为 $C_6H_8O_6$，因为其分子中的烯二醇基具有还原性，所以能被 I_2 定量地氧化为二酮基而生成脱氢抗坏血酸。

由于维生素 C 的还原性很强，在空气中容易被氧化（在碱性介质中更甚），因此测定时加入醋酸或偏磷酸—醋酸溶液，使溶液呈弱酸性，以降低氧化速度，减少维生素 C 的损失。

测定时，可以直接用标准碘溶液滴定，也可以用间接法滴定。本实验采用直接滴定法测定。

三、实验资源

仪器：电子天平、台秤、称量瓶、酸式滴定管（25 mL）、移液管、锥形瓶等。

试剂：0.1 mol/L $Na_2S_2O_3$ 标准溶液、0.05 mol/L I_2 标准溶液、0.005%（质量分数）淀粉溶液、1：1 HAc 溶液、KI 固体、I_2。

四、实验内容及操作步骤

1. 维生素 C 试样的准备：准确称取维生素 C 试样 0.2 g，共 3 份，分别置于 250 mL 锥形瓶中，加入新煮过的冷蒸馏水 100 mL 和 10 mL 1：1 HAc 溶液，完全溶解后备用。

2. 维生素 C 含量的测定：在步骤 1 制备的维生素 C 溶液中加入淀粉溶液

1 mL,立即用 0.05 mol/L I_2 标准溶液滴定至溶液恰呈蓝色稳定不褪色,即为终点。平行测定 3 次。

3.计算公式:

$$\frac{m_s \times V_C\%}{176} = (cV)_{I_2} \times 10^{-3}$$

$$V_C\% = \frac{0.176 (cV)_{I_2}}{m_s}$$

五、实验记录与数据处理

实验序号 记录项目	1	2	3
滴定用 $Na_2S_2O_3$ 标准溶液体积 V/mL			
滴定用 $Na_2S_2O_3$ 标准溶液平均体积 V/mL			
I_2 标准溶液浓度/(mol/L)			
滴定用 I_2 标准溶液体积 V/mL			
滴定用 I_2 标准溶液平均体积 V/mL			
维生素 C 含量/(mg/片)			

六、注意事项

抗坏血酸会被缓慢地氧化成脱氢抗坏血酸,因此,制备液必须在每次实验时新鲜配制。

七、反馈评价

1.为什么维生素 C 含量可以用直接碘量法测定?

2.溶解样品时为什么用新煮沸并放冷的蒸馏水?

3.维生素 C 本身就是一种酸,为什么测定时还要加酸?

实验十二　莫尔法测定食盐中氯含量

一、实验目标

1. 学会配制和标定 $AgNO_3$ 标准溶液。
2. 掌握莫尔法滴定的原理和操作。

二、实验原理

某些可溶性氯化物中氯含量的测定可采用莫尔法。莫尔法是在中性或弱碱性溶液中,以 K_2CrO_4 为指示剂,用 $AgNO_3$ 标准溶液进行滴定。由于 AgCl 沉淀的溶解度比 Ag_2CrO_4 小,因此,溶液中首先析出 AgCl,定量沉淀后,过量的 $AgNO_3$ 溶液即与 CrO_4^{2-} 生成砖红色 Ag_2CrO_4 沉淀,指示达到终点,反应式如下:

$$Ag^+ + Cl^- \Longrightarrow AgCl \downarrow (白色) \qquad K_{sp} = 1.8 \times 10^{-10}$$

$$2Ag^+ + CrO_4^{2-} \Longrightarrow Ag_2CrO_4 \downarrow (砖红色) \qquad K_{sp} = 2.0 \times 10^{-12}$$

滴定必须在中性或弱碱性溶液中进行,最适宜的 pH 范围为 6.5~10.5。指示剂的用量对滴定有影响,一般以 5×10^{-3} mol/L 为宜(指示剂必须定量加入)。凡能与 Ag^+ 生成微溶性沉淀或络合物的阴离子,都干扰测定,如 PO_4^{3-}、AsO_4^{3-}、SO_3^{2-}、S^{2-}、CO_3^{2-}、$C_2O_4^{2-}$ 等。大量 Cu^{2+}、Co^{2+}、Ni^{2+} 等有色离子会影响终点的观察。Ba^{2+}、Pb^{2+} 能与 CrO_4^{2-} 生成 $BaCrO_4$ 及 $PbCrO_4$ 沉淀,也干扰滴定。Ba^{2+} 的干扰可通过加入过量的 Na_2SO_4 消除。Al^{3+}、Fe^{3+}、Bi^{3+}、Sn^{4+} 等高价金属离子在中性或弱碱性溶液中发生水解,也会产生干扰。

三、实验资源

仪器:电子天平、台秤、称量瓶、烧杯、酸式滴定管(25 mL)、移液管、锥形瓶、吸量管等。

试剂:NaCl 试剂、固体 $AgNO_3$、K_2CrO_4 溶液(50 g/L)、NaCl 试样。

四、实验内容及操作步骤

1. $AgNO_3$ 标准溶液(0.1 mol/L)的配制:取 $AgNO_3$ 8.5 g,置于 250 mL 烧杯

中,加蒸馏水 100 mL 使其溶解,然后移入棕色试剂瓶中,加蒸馏水稀释至 500 mL,充分摇匀,密塞。

2. AgNO₃标准溶液的标定:准确称取 0.5～0.65 g NaCl 基准物质,置于小烧杯中,用蒸馏水溶解后,定量转入 100 mL 容量瓶中,加蒸馏水稀释至刻度,摇匀。用移液管移取 25.00 mL NaCl 溶液,置于 250 mL 锥形瓶中,加入 25 mL 蒸馏水(沉淀滴定中,为减少沉淀对被测离子的吸附,一般滴定的体积以大些为好,故需加蒸馏水稀释试液),用吸量管加入 1 mL 50 g/L K₂CrO₄溶液,在不断摇动的条件下,用待标定的 AgNO₃溶液滴定至呈现砖红色,即为终点。平行标定 3 次,根据 AgNO₃溶液的体积和 NaCl 的质量计算 AgNO₃溶液的浓度。

$$c_{AgNO_3} = \frac{\frac{1}{4} \times m_{NaCl} \times 10^3}{M_{NaCl} \times V_{AgNO_3}} \ (mol/L)$$

3. 试样分析:准确称取约 2 g NaCl 试样,置于烧杯中,加蒸馏水溶解后,定量转入 200 mL 容量瓶中,加蒸馏水稀释至刻度,摇匀。用移液管移取 20 mL NaCl 溶液,置于 250 mL 锥形瓶中,加入 25 mL 蒸馏水,用 1 mL 的吸量管加入 1 mL 50 g/L K₂CrO₄溶液,在不断摇动的条件下,用 AgNO₃标准溶液滴定至溶液出现砖红色,即为终点。平行测定 3 次,计算试样中氯的含量。

$$\omega_{Cl^-} = \frac{(cV)_{AgNO_3} \times 10^{-3} \times M(Cl^-)}{m_s \times \frac{1}{10}}$$

实验完毕后,将装有 AgNO₃溶液的滴定管先用蒸馏水冲洗 2～3 次后,再用自来水洗净,以免 AgCl 残留于管内。

五、数据记录与数据处理

表 1 AgNO₃溶液的标定

项目 \ 次数	1	2	3
$m_{NaCl 基准}$/g			
$V_{NaCl 基准}$/mL			
V_{AgNO_3}/mL			
c_{AgNO_3}/(mol/L)			
平均浓度/(mol/L)			

表 2   氯含量的测定

项目 \ 次数	1	2	3
$m_{NaCl试样}$ /g			
V_{AgNO_3} /mL			
平均体积/mL			
试样中氯含量/%			

六、注意事项

1. AgNO$_3$见光易分解,故需保存在棕色瓶中。

2. AgNO$_3$若与有机物接触,则起还原作用,加热后颜色变黑,因此不要使AgNO$_3$与皮肤接触。

3. 实验结束后,盛装 AgNO$_3$溶液的滴定管应先用蒸馏水冲洗 2～3 次,再用自来水冲洗,以免产生氯化银沉淀,难以洗净。

4. 含银废液应予以回收,且不能随意倒入水槽。

七、反馈评价

1. 用莫尔法测氯含量时,为什么溶液的 pH 需控制在 6.5～10.5?

2. 以 K$_2$CrO$_4$作指示剂时,指示剂的浓度过大或过小对测定有何影响?

实验十三 自来水的 pH 测定

一、实验目标

1.掌握电位法测定水的 pH 的原理和方法。

2.学习酸度计的使用方法。

3.学会正确地校准、检验和使用 pH 计。

二、实验原理

指示电极(玻璃电极)与参比电极(饱和甘汞电极)插入被测溶液中组成原电池:

Ag|AgCl,HCl (0.1 mol/L)|H$^+$(x mol/L) ‖ KCl(饱和),Hg$_2$Cl$_2$|Hg

玻璃电极　　　　　　　　被测液　　　　盐桥　　　　甘汞电极

在一定条件下,测得电池的电动势 E 是 pH 的直线函数:

$$E=K'+0.059\ \text{pH} (25\ ℃)$$

由测得的电动势 E 就能计算出被测溶液的 pH。但因上式中的 K′ 值是由内外参比电极电位及难以计算的不对称电位和液接电位所决定的常数,实际上不易求得,因此在实际工作中,用酸度计测定溶液的 pH(直接用 pH 刻度)时,首先必须用已知 pH 的标准缓冲溶液来校正酸度计(也叫"定位")。常用的标准缓冲溶液有酒石酸氢钾饱和溶液(pH=3.56,25 ℃)、0.05 mol/kg KHC$_8$H$_4$O$_4$(pH=4.00,20 ℃,以下同)、0.025 mol/kg KH$_2$PO$_4$、0.025 mol/kg Na$_2$HPO$_4$(pH=6.88)及 0.01 mol/kg 硼砂溶液(pH=9.23)。校正时应选用与被测溶液的 pH 接近的标准缓冲溶液,以减少在测量过程中可能由于液接电位、不对称电位及温度等变化而引起的误差。一支电极应该用两种不同 pH 的缓冲溶液校正。在用一种 pH 的缓冲溶液定位后,测第二种缓冲溶液的 pH 时,误差应在 0.05 之内。

应用校正后的酸度计,可直接测量水或其他溶液的 pH。

三、实验资源

仪器:pH 计(pHS-3C 型)、玻璃电极、饱和甘汞电极、50 mL 烧杯等。

试剂:pH=4.00 标准缓冲溶液(20 ℃)、pH=6.88 标准缓冲溶液(20 ℃)、pH

＝9.23 标准缓冲溶液(20 ℃)。

四、实验内容及操作步骤

1. 标准 pH 缓冲溶液的配制。

2. pHS-3C 型 pH 计的准备、校准与核对。

(1)pHS-3C 型酸度计的面板结构如下图所示。

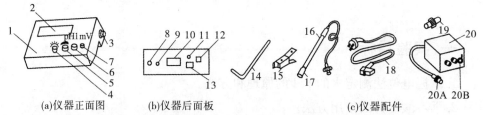

(a)仪器正面图　　　　(b)仪器后面板　　　　(c)仪器配件

1. 前面板　2. 显示屏　3. 电极梗插座　4. 温度补偿调节旋钮　5. 斜率补偿调节旋钮　6. 定位调节旋钮　7. 选择旋钮(pH 或 mV)　8. 测量电极插座　9. 参比电极插座　10. 铭牌　11. 保险丝　12. 电源开关　13. 电源插座　14. 电极梗　15. 电极夹　16. E-201-C 型塑壳可充式 pH 复合电极　17. 电极套　18. 电源线　19. 短路插头　20. 电极插转换器　20A. 转换器插头　20B. 转换器插座

pHS-3C 型酸度计的面板结构

(2)测量溶液 pH 时的操作步骤。

①电极安装。将电极梗 14 插入电极架插座,电极夹 15 夹在电极梗 14 上,复合电极 16 夹在电极夹 15 上,拔下电极 16 前端的电极套 17,用蒸馏水清洗电极,再用滤纸吸干电极底部的水分。

②开机。按下电源开关 12,电源接通后,预热 30 min,接着进行标定。

③标定。将选择旋钮 7 调到 pH 挡;调节温度旋钮 4,使旋钮白线对准溶液温度值,把斜率调节旋钮顺时针旋到底,把清洗过的电极插入 pH＝6.86 的标准缓冲溶液中,调节定位调节旋钮,使仪器显示的读数与该缓冲溶液的 pH 一致。用蒸馏水清洗电极,再用 pH＝4.00 或 9.18 的标准缓冲溶液重复操作,调节斜率旋钮到 pH＝4.00 或 9.18,直至不用再调节定位或斜率两调节旋钮为止。至此,完成仪器的标定。

注意:一般情况下,在 24 h 内仪器不需再标定。经标定的仪器定位及斜率调节旋钮不应再有变动。

④测量自来水的 pH。用蒸馏水清洗电极头部,用滤纸吸干水滴,将电极浸入被测自来水中,沿台面摇动盛液器皿,使溶液均匀,在显示屏上读出溶液的 pH。若被测溶液与定位溶液的温度不同,则先调节温度补偿调节旋钮 4,使白线对准被测溶液的温度值,再将电极插入被测自来水中,读出 pH。

(3)测量电子电位。

①将所需的离子选择性电极和参比电极按要求接好,按下"mV"键。

②将电极用蒸馏水洗干净,并用滤纸吸干后插入待测溶液中,搅拌使溶液均匀,仪器显示的数值就是该溶液的电极电位值。

五、注意事项

1.注意保护电极,防止损坏或污染。

2.电极插入溶液后要充分搅拌均匀(2～3 min),待溶液静止(2～3 min)后再读数。

3.仪器标定好后,不能再动定位和斜率旋钮,否则必须重新标定。

六、反馈评价

1.用电位法测定水的 pH 的原理是什么?

2.pH 计为什么要用已知 pH 的标准缓冲溶液校正? 校正时应注意哪些问题?

3.标准缓冲溶液的 pH 受哪些因素影响? 如何保证其 pH 恒定不变?

4.测定溶液的 pH 时,除饱和甘汞电极外,还有哪些电极可用作参比电极?除玻璃电极外,还有哪些电极可用作指示电极?

5.玻璃电极在使用前应如何处理? 为什么? 用后的玻璃电极应如何清洗干净?

6.安装电极时,应注意哪些问题?

实验十四 维生素 B_{12} 注射液的含量测定

一、实验目标

1. 掌握 755 紫外—可见型分光光度计的使用方法。

2. 掌握维生素 B_{12} 注射液含量的测定和计算方法。

3. 熟悉测绘吸收曲线的一般方法。

二、实验原理

维生素 B_{12} 是含 Co 的有机化合物，其注射液为粉红色至红色的透明液体。要测定维生素 B_{12} 注射液的含量，可以用紫外—可见分光光度法测定，用此法进行含量测定，必须知道维生素 B_{12} 注射液的 λ_{max}，λ_{max} 可以通过绘制吸收曲线来得到。

吸收曲线是指将不同波长的单色光依次通过被分析的物质，分别测得不同波长下的吸光度，以波长为横坐标，以吸光度为纵坐标所描绘的曲线。吸光度最大时对应的波长为 λ_{max}，在 λ_{max} 处测吸光度。维生素 B_{12} 注射液在 278 nm、361 nm、550 nm 处有最大吸收，在 λ_{max} 处测得 A，根据吸光系数法可以求出注射液中维生素 B_{12} 的含量。

吸光系数法公式：$A=Ecl$。

实验中要求测 361 nm 处的 A，相应的吸光系数 $E_{1\,cm}^{1\%}$ 为 207。

三、实验资源

仪器：755 型紫外—可见分光光度计、10 mL 容量瓶、5 mL 吸量管等。

试剂：0.1 g/L 维生素 B_{12} 水溶液、维生素 B_{12} 注射液（市售品）。

四、实验内容及操作步骤

1. 755 型紫外—可见分光光度计的使用。

(1) 开启电源开关，使仪器预热 30 min。

(2) 用波长选择旋钮设置所需的分析波长。

(3) 将装参比溶液的比色皿置于光路，打开样品室盖，调节 T 旋钮，使显示器指针指在"0.00％"。

(4)将装参比溶液的比色皿置于光路,关闭样品室盖,调节 A 旋钮,使显示器指针指在"100.00％"。

(5)重复操作(3)和(4),直至仪器显示稳定。

(6)将装参比溶液的比色皿置于光路,关闭样品室盖,进行测定,在显示器上读出 A。

(7)仪器使用完毕,关闭电源,拔下电源插头;取出比色皿,洗净、晾干;复原仪器,盖上防尘罩。

2.吸收曲线的绘制。将 0.1 g/L 维生素 B₁₂溶液置于 1 cm 比色皿中,以蒸馏水为空白溶液,在不同波长(340～580 nm 之间,其中在 350～370 nm 和 540～560 nm 范围内每间隔 6 nm 测量一次吸光度,其余每间隔 20 nm 测量一次吸光度)下测量相应的吸光度。然后以波长为横坐标,吸光度为纵坐标绘出吸收曲线。从吸收曲线上得到最大吸收波长,从而选择测定维生素 B₁₂的适宜波长。

3.注射液含量的测定。避光操作,准确吸取 5 mL 维生素 B₁₂注射液,置于 100 mL 容量瓶中,加水定容至刻度线。然后将溶液置于 1 cm 比色皿中,在 361 nm 波长条件下以蒸馏水作为空白测定吸光度,按 $C_{63}H_{88}CoN_{14}O_{14}P$ 的吸收系数 $E_{1\text{ cm}}^{1\%}$ 为 207 计算维生素 B₁₂标示量的百分含量。

计算公式:

$$V_{B_{12}}\text{标示量}\% = \frac{\dfrac{A}{E_{1\text{ cm}}^{1\%}} \times \dfrac{1}{100} \times \text{稀释倍数}}{\text{标示量(g/mL)}} \times 100\%$$

五、注意事项

1.在每次测定前,首先应做吸收池配套性实验。即将同样厚度的 4 个比色皿都装上相同溶液,在所选波长处测定各比色皿的透光率,其最大误差 ΔT 应不大于 0.5％。

2.仪器在不测定时,应随时打开暗箱盖,以保护光电管。

3.为使比色皿中测定溶液与原溶液的浓度一致,需用原溶液荡洗比色皿 2～3 次。

4.比色皿内所盛溶液以超过皿高的 2/3 为宜。过满溶液可能溢出,使仪器受损。使用后应立即取出比色皿,并用自来水及蒸馏水洗净,倒立晾干。

5.比色皿一般用水荡洗,如被有机物污染,宜用 HCl—乙醇(1＋2)溶液浸泡片刻,再用水冲洗,不能用碱液或强氧化性洗液清洗。切忌用毛刷刷洗,以免损伤比色皿。

6.$\lambda < 400$ nm 时使用氢灯,$\lambda > 400$ nm 时使用钨灯。

六、反馈评价

1. 试比较用标准曲线法与吸光系数法定量的优缺点。

2. 单色光不纯对于测得的吸收曲线有什么影响？

实验十五　硅胶黏合薄层活度的测定

一、实验目标

1. 学会薄层板的制备方法和薄层层析操作。
2. 掌握薄层色谱法的基本原理。
3. 学会比移值 R_f 的测定方法。

二、实验原理

薄层色谱法是一种微量、快速、简易、灵敏的分析方法,其原理为吸附色谱或分配色谱。吸附色谱是利用混合物中各组分被吸附剂吸附能力的不同以及在流动相中溶解度的不同而使之分离。分配色谱则是利用混合物中各组分在固定相和流动相中的分配系数不同而使之分离。薄层色谱法的特点是将吸附剂(固定相)均匀地铺在玻璃板上制成薄层,把欲分离的试样点加在薄层上,然后用合适的溶剂展开,通过化合物自身颜色或显色剂显色后,在板上出现一系列斑点,从而达到分离鉴定和定量测定的目的。

薄层色谱除了用于分离外,更主要的是通过与已知结构化合物相比较来鉴定少量有机物的组成。此外,薄层色谱也经常用于寻找柱层析的最佳分离条件。试样中各组分的分离效果可用它们比移值 R_f 的差来衡量。R_f 值是某组分的色谱斑点中心到原点的距离与溶剂前沿至原点距离的比值,即 $R_f = a/b$,R_f 值一般在 0～1 之间,当实验条件严格控制时,每种化合物在选定的固定相和流动相体系中有特定的 R_f 值。

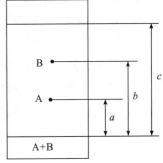

图 1　薄层层析比移值

三、实验资源

仪器:载玻片(10 cm×5 cm)、烧杯(50 mL)、毛细管(内径小于 1 mm)、层析缸等。

试剂:硅胶 H、CMC(1‰羧甲基纤维素钠)、乙酸乙酯:甲醇:水=78:20:2、罗丹明 B 的乙醇饱和溶液、孔雀绿的乙醇饱和溶液、苏丹Ⅲ的乙醇饱和溶液(或品红的乙醇饱和溶液）。

四、实验内容及操作步骤

本实验以硅胶 H 为吸附剂，羧甲基纤维素钠（CMC）为黏合剂，制成薄层板，用乙酸乙酯：甲醇：水＝78：20：2 的混合溶剂作展开剂。通过实验测出罗丹明 B、孔雀绿及苏丹Ⅲ的 R_f 值，并分析确定混合试样的组成。

1. 薄层板制备。取 7.5 cm×2.5 cm 左右的载玻片 5 块，洗净晾干。在 50 mL 烧杯中放置 3 g 硅胶 H，逐渐加入 1‰羧甲基纤维素钠（CMC）水溶液约 9 mL，边加边搅拌，调成均匀的糊状，用药匙或玻璃棒涂于上述洁净的载玻片上，用食指和拇指拿住玻片，做前后左右摇晃摆动，使流动糊状物均匀地铺在载玻片上。必要时，可在实验台面上，让一端接触台面而另一端轻轻跌落数次并互换位置。然后把薄层板放于水平的长玻板上，自然晾干。半小时后置于烘箱中经 110 ℃活化 30 min。取出，稍冷后置于干燥器中备用。

2. 点样。在小试管或滴管中分别取少量罗丹明 B、孔雀绿、苏丹Ⅲ的乙醇溶液以及 1～2 个混合物溶液作为试样。在离薄层板一端 1 cm 处，用铅笔轻轻画一条直线。取管口平整、内径小于 1 mm 的毛细管插入样品溶液中，吸取液面高度为 5 mm，在铅笔画线处轻轻点样，斑点直径不超过 2 mm，每块板可点样两处，样点与样点之间以相距 1.0～1.5 cm 为宜，待样点干燥后，方可进行展开。先点已知纯样品，再点混合样品。

3. 展开（层析）。在层析缸（或 250 mL 广口瓶）的一侧贴上一张与缸壁大小相同的滤纸，稍倾斜后，把展开剂沿滤纸顶部倒入，扶正缸体时缸底部展开剂的高度为 0.5 cm。盖上顶盖，放置 10～15 min，以保证缸内被展开剂蒸气所饱和。

将点好样的薄层板（样点一端朝下）小心地放入层析缸中，并成一定角度（倾斜 45°～60°），同时使展开剂的水平线在样点以下，盖上顶盖。当展开剂前沿上升到离板的上端约 1 cm 处时取出，并立即用铅笔标出展开剂的前沿位置，晾干。计算各样品的 R_f 值并确定混合物的组成。

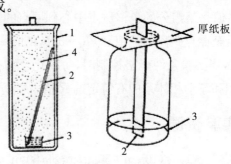

(a)倾斜上行法展开　　　(b)直立式展开

1.色谱缸 2.薄层板 3.展开剂　　1.色谱缸 2.薄层板 3.展开剂 4.展开剂蒸气

图 2　薄层层析法

五、注意事项

1. 制板时要求薄层均匀光滑,薄层厚度一般为 0.1～2.0 mm。可将吸附剂调得稍稀一些,尤其是制硅胶板。如果吸附剂调得很稠,就很难做到均匀。

2. 点样用的毛细管必须专用,不得弄混。

3. 点样时,使毛细管刚好接触薄层即可。切勿点样过重而破坏薄层。如果太淡,待溶剂挥发后再点一次。

4. 若为无色物质的色谱,应做显色处理。本实验分离的物质都有颜色,可省去显色步骤。

六、反馈评价

1. 在一定的操作条件下,为什么可利用 R_f 值来鉴定化合物?

2. 在调制硅胶板时,糊状物该怎样调制?

3. 在混合物薄层色谱中,如何判定各组分在薄层上的位置?

参考答案

第一章

一、名词解释

1. **仪器分析**:以物质的物理或物理化学性质为基础建立起来的分析方法。

2. **定性分析**:用于鉴定物质化学组成(化合物、元素、离子和基团)的分析方法。

3. **定量分析**:用于测定物质各组分相对含量或纯度的分析方法。

4. **化学分析**:以物质的化学反应为基础建立起来的一种分析方法。

5. **结构分析**:用于确定物质化学结构(价态、晶态、平面与立体结构)的分析方法。

二、填空题

1. 仪器简单;结果准确;灵敏度较低;分析速度较慢

2. 官能团;分子

3. 含量;结构;形态

三、选择题

1. B　2. A　3. C　4. A　5. D　6. D　7. B　8. D　9. B　10. D　11. B

四、简答题

1. 答:仪器分析和化学分析的适用范围不同。化学分析主要适用于被分析物含量在常量或半微量的组分,而仪器分析主要用于微量甚至痕量组分的分析。化学分析的准确度很好,但是精密度不好,即使对常量或半微量组分可以准确测出其含量,但是对于微量组分效果较差甚至不能检出,其误差范围较小,通常要求控制在±0.1%以内。仪器分析的准确度较差,但精密度很好,可以定性或定量地测出微量组分,但误差范围较大,为±1%或更大。化学分析和仪器分析是分析化学中的两大重要分支,两者缺一不可,互为补充。

2. 答:按照分析化学的任务分为定性分析、定量分析和结构分析;根据试样的用量及操作方法不同,可分为常量分析、半微量分析和微量分析;按分析方法的作用分类,可分为例行分析、快速分析和仲裁分析;按测定原理分类,可分为化学分析和仪器分析;按分析对象分类,可分为无机分析和有机分析。

第二章

一、名词解释

1. 系统误差:是指由某种确定的原因所引起的误差,一般有固定的方向(正负)和大小,重复测定时重复出现。

2. 偶然误差:是由某些偶然因素所引起的误差,其大小和正负均不固定。

3. 精密度:指平行测量的各测量值之间互相接近的程度,其大小可用偏差表示。

4. 准确度:指分析结果与真实值接近的程度,其大小可用误差表示。

5. 空白试验:在不加试样的情况下,按试样分析步骤和条件进行分析实验,所得结果为空白值,从试样测定结果中扣除空白值,即可以消除试剂、蒸馏水和容器引入的杂质影响。

6. 对照试验:选用组成与试样相近的标准试样,在相同条件下进行测定,将测定结果与标准值对照,判断有无系统误差,还可用此差值对测定结果进行校正。

7. 有效数字:指工作中实际能测到的数字,其最后一位为可疑值,其余的数值都是准确的。

二、填空题

1. 真实值;误差

2. 精密度

3. 仪器误差;方法误差;试剂误差;操作误差

4. 仪器误差;方法误差;方法误差;试剂误差

5. 四舍六入五留双

6. G 检验法;可疑值

7. F 检验;t 检验

8. 3 位;4 位;2 位;3 位

9. 0.5366;10.28;18.07;11.15

10. 对照试验;空白试验;回收试验;校正仪器

11. 时正时负;时大时小;符合正态分布规律

三、选择题

1. C　2. D　3. D　4. D　5. B　6. C　7. B　8. B　9. C　10. C　11. A　12. B　13. D　14. A　15. B　16. C　17. A　18. D　19. B　20. A　21. A　22. C　23. B　24. C　25. A

四、综合题

1. 答: 准确度表示测定结果和真实值的接近程度,用误差表示。精密度表示测定值之间相互接近的程度,用偏差表示。误差表示测定结果与真实值之间的差值。偏差表示测定结果与平均值之间的差值,用来衡量分析结果的精密度,精密度是保证准确度的先决条件,在消除系统误差的前提下,精密度高,准确度就高,精密度差,则测定结果不可靠。即准确度高,精密度一定好,精密度高,准确度不一定好。

2.答:(1)系统误差中的仪器误差。减免的方法:校准仪器或更换仪器。

(2)系统误差中的仪器误差。减免的方法:校准仪器或更换仪器。

(3)系统误差中的仪器误差。减免的方法:校准仪器或更换仪器。

(4)系统误差中的试剂误差。减免的方法:做空白试验。

(5)随机误差。

(6)随机误差。

(7)操作误差。

(8)系统误差中的试剂误差。减免的方法:做空白试验。

3.解:因为滴定管的读数误差为± 0.02 mL,故读数的绝对误差 $E_a = \pm 0.02$ mL,根据 $E_r = \dfrac{E_a}{T} \times 100\%$,可得:

$$E_{r\,2\,mL} = \frac{\pm 0.02\ mL}{2\ mL} \times 100\% = \pm 1\%$$

$$E_{r\,20\,mL} = \frac{\pm 0.02\ mL}{20\ mL} \times 100\% = \pm 0.1\%$$

这说明,量取两溶液的绝对误差相等,但它们的相对误差并不相同。也就是说,当被测定的量较大时,测量的相对误差较小,测定的准确程度也就较高。

4.解:$\bar{x} = \sum \dfrac{x}{n} = \dfrac{47.44 + 48.15 + 47.90 + 47.93 + 48.03}{5} = 47.89$

$$s = \sqrt{\frac{(0.45)^2 + (0.26)^2 + (0.01)^2 + (0.04)^2 + (0.14)^2}{5-1}} = 0.27$$

$$t = \frac{|\bar{x} - T|}{s} = \frac{|47.89 - 48.00|}{0.27} = 0.41$$

查表,$t_{0.95,4} = 2.78$,$t < t_{0.95,4}$,说明这批产品的含铁量合格。

第三章

一、名词解释

1.化学计量点:滴定剂的量与被测物质的量正好符合化学反应式所表示的计量关系的一点。

2.滴定度:每毫升某摩尔浓度的滴定液所相当的被测药物的质量(g/mL)。

3.基准物质:能用于直接配制或标定标准溶液的物质。

4.标定:通过滴定来确定试剂准确浓度的操作。

5. 标准溶液:已知准确浓度的试剂溶液。

6. 指示剂:能在计量点附近发生颜色变化的试剂。

7. 指示剂的理论变色点:指示剂中具有不同颜色的两种型体浓度相等时,即[In]
　=[XIn]时,溶液呈两型体的中间过渡颜色,这一点为理论变色点。

二、填空题

1. 直接滴定;返滴定;间接滴定;置换滴定

2. 间接

3. 返滴定

4. 沉淀滴定;配位滴定;氧化还原滴定

5. 反应达到化学计量点

三、选择题

1. A　2. B　3. C　4. B　5. D　6. D　7. D　8. C　9. A　10. D　11. A　12. C
13. D　14. B　15. C　16. B　17. C　18. D　19. D　20. A　21. B　22. D　23. D
24. A　25. C

四、综合题

1. 答:(1)直接法:用分析天平称量基准物质,溶解后用容量瓶定容。步骤:称量→
溶解→转移→定容→计算,根据称量的质量和体积计算标准溶液的准确浓度。
公式:$cV=m/M$。(2)间接法(标定法):是指通过基准物质或另一种标准溶液
来确定标准溶液浓度的方法。先配成近似浓度的溶液,再用基准物质或另一种
标准溶液来确定它的准确浓度。

2. 答:滴定度有两种表示方法:一是指每毫升滴定液中所含溶质的质量(g/mL),
以 T_B 表示,$m_B=T_B \cdot V$;二是指每毫升滴定液相当于被测物质的质量(g/mL),
以 $T_{B/A}$ 表示,$m_A=T_{B/A} \cdot V$。

3. 答:用于滴定分析的化学反应必须具备下列几个条件:

(1)反应必须定量完全,即被测物质与标准溶液之间必须按一定的反应方程式
进行,有确定的化学计量关系;无副反应发生;反应完全程度超过99.9%,这是
定量计算的依据。

(2)反应必须快速,最好瞬间完成。对于速率较慢的反应,有时可通过控制适当
条件(如加热、催化剂等)来提高反应速率。

(3)必须有适当的方法来确定终点,如指示剂、仪器分析法等。

只有基准物质才能用直接法配制成标准溶液,基准物质应具备如下条件:

(1)组成和化学式完全相同。

(2)纯度足够高(一般在99.9%以上)。

(3)性质稳定,例如不吸收空气中的水分和CO_2,不易被空气中的氧气氧化等。

(4)按一定的反应式反应完全,不发生副反应。

(5)最好有较大的相对分子质量,可减小称量误差。

4. 解:相关化学反应为:

$$Al + Y(定量过量) \Longrightarrow AlY$$

$$Zn + Y(剩余) \Longrightarrow ZnY$$

1 mol EDTA(即 Y)相当于 1 mol 的 Al^{3+},相当于 $\frac{1}{2}$ mol 的 Al_2O_3,即 $n_{Al_2O_3} = \frac{1}{2} n_{EDTA}$,1 mol EDTA(即 Y)相当于 1 mol 的 Zn^{2+},即 $n_{ZnSO_4} = n_{EDTA}$。

总的 EDTA 的物质的量:$c_{EDTA} V_{EDTA} = 0.05012 \times 20.00$ (mol)

剩余的 EDTA 的物质的量:$c_{ZnSO_4} V_{ZnSO_4} = 0.05035 \times 15.20$ (mol)

消耗掉的 EDTA 的物质的量:

$c_{EDTA} V_{EDTA} - c_{ZnSO_4} V_{ZnSO_4} = 0.05012 \times 20.00 - 0.05035 \times 15.20$ (mol)

试样中 Al_2O_3 的含量:

$$Al_2O_3\% = \frac{\frac{1}{2}(c_{EDTA} V_{EDTA} - c_{ZnSO_4} V_{ZnSO_4}) \times \frac{M_{Al_2O_3}}{1000}}{m_s \times \frac{20.00}{100.0}} \times 100\%$$

$$= \frac{\frac{1}{2} \times (0.05012 \times 20.00 - 0.05035 \times 15.20) \times \frac{101.96}{1000}}{0.5300 \times \frac{20.00}{100.0}} \times 100\% = 11.4\%$$

5. 解:$\because \frac{n_{HCl}}{n_{Na_2CO_3}} = 2$

$$c_{HCl} \times V_{HCl} = 2 \times n_{Na_2CO_3} = \frac{2 \times m_{Na_2CO_3} \times 1000}{M_{Na_2CO_3}}$$

$$\therefore V_{HCl} = \frac{2 \times 0.2500 \times 1000}{0.2 \times 106.0} \approx 24 \ (mL)$$

6. 解:$\because 2HCl + Na_2CO_3 \Longrightarrow 2NaCl + CO_2 + H_2O$

$$\therefore \frac{n_{Na_2CO_3}}{n_{HCl}} = 1/2$$

$$m_{Na_2CO_3} = \frac{1}{2} \times c_{HCl} \times V_{HCl} \times 10^{-3} \times M_{Na_2CO_3}$$

$$\omega_{Na_2CO_3} = \frac{m_{Na_2CO_3}}{m_s} \times 100\%$$

$$\therefore \omega_{Na_2CO_3} = \frac{1}{2} \cdot \frac{0.1006 \times 23.00 \times 106.0}{0.1230 \times 1000} \times 100\% = 99.7\%$$

第四章

一、名词解释

1. 质量平衡式:在一个化学平衡体系中,某一组分的分析浓度等于该组分各种存在形式的平衡浓度之和的数学表达式。

2. 均化效应:指不同的酸或碱在同一溶剂中显示相同的酸碱强度水平。

3. 区分效应:指不同的酸或碱在同一溶剂中显示不同的酸碱强度水平。

4. 质子溶剂:能给出质子或接受质子的溶剂。

5. 缓冲溶液:由弱酸及其共轭碱或由弱碱及其共轭酸所组成的具有一定 pH 范围缓冲能力的溶液。

6. 质子条件式:溶液酸碱反应的结果中,有些物质失去质子,有些物质得到质子,显然,得质子产物的得质子数与失质子产物的失质子数应该相等,它的数学表达式就是质子平衡方程,即质子条件式。

7. 质子自递反应:溶剂分子间产生质子相互转移的反应称为质子自递反应。

8. 惰性溶剂:当溶质的酸和碱在溶剂中起反应时,溶剂分子不参与反应的溶剂称为惰性溶剂。

二、填空题

1. 理论变色范围部分或全部位于突跃范围内

2. 2

3. $[H^+]+[HCO_3^-]+2[H_2CO_3]=[OH^-]+[NH_3]$

   $[H^+]+[H_3PO_4]=[OH^-]+[NH_3]+[HPO_4^{2-}]+2[PO_4^{3-}]$

4. $NaOH$;$NaHCO_3$;Na_2CO_3;$NaOH+Na_2CO_3$;$NaHCO_3+Na_2CO_3$

5. 系统误差;随机误差;过失;过失

6. 给出,接受

7. 质子的转移

8. 强,弱

9. $H_2PO_4^-$,H_2O

10. PO_4^{3-},$H_2PO_4^-$

11. NH_4^+,$5.6×10^{-10}$

三、选择题

1. D　2. D　3. B　4. D　5. D　6. A　7. A　8. A　9. A　10. A　11. B　12. C

13. B　14. B　15. C　16. A　17. A　18. C　19. D　20. B

四、综合题

1. 答:(1)$NaOH$ 试剂中会含有水分及 CO_3^{2-},其标准溶液须采用间接法配制,因此不必准确称量,亦不必定容至 500 mL,而是在台秤上称取约 2 g NaOH,最后定容亦是约 500 mL。

(2)加热煮沸是为了除去其中的 CO_2,然而 CO_2 在碱性溶液中是以 CO_3^{2-} 形式存在的,加热不会除去,应当先将水煮沸再冷却,除去 CO_2 后,加入饱和的 NaOH 溶液(此时 Na_2CO_3 不溶于其中)。

(3)碱液不能保存在容量瓶中,否则容量瓶会被碱腐蚀,导致瓶塞打不开,应将碱液置于具橡皮塞的试剂瓶中。

2. 解:(1)0.1 mol/L HCl:强酸,pH＝－lg0.10＝1.00,稀释后:pH＝－lg0.01＝2.00

(2)0.1 mol/L NaOH:强碱,pOH＝－lg0.10＝1.00,pH＝13.00

稀释后:pOH＝－lg0.01＝2.00,pH＝12.00

(3)0.1 mol/L HAc:弱酸。

$$[H^+]＝\sqrt{cK_a}＝\sqrt{0.10\times1.7\times10^{-5}}＝1.3\times10^{-3},pH＝2.88$$

稀释后:

$$[H^+]＝\sqrt{cK_a}＝\sqrt{0.010\times1.7\times10^{-5}}＝4.1\times10^{-4},pH＝3.38$$

(4)0.1 mol/L $NH_3\cdot H_2O$＋0.1 mol/L NH_4Cl:缓冲体系。

$$pH＝pK_a＋lg\frac{[NH_3]}{[NH_4^+]}＝9.25＋lg\frac{0.1}{0.1}＝9.25$$

稀释后:

$$pH＝pK_a＋lg\frac{[NH_3]}{[NH_4^+]}＝9.25＋lg\frac{0.01}{0.01}＝9.25$$

3. 解:除去 $HClO_4$ 中的水所需酸酐:

$$V_1＝\frac{102.09\times4.2\times30\%\times1.75}{18.02\times1.087\times98\%}\approx11.72\text{ (mL)}$$

除去冰醋酸中的水所需酸酐:

$$V_2＝\frac{102.09\times1000\times0.2\%\times1.05}{18.02\times1.087\times98\%}\approx11.17\text{ (mL)}$$

$$V＝V_1＋V_2＝11.72＋11.17＝22.89\text{ (mL)}$$

4. 解:因为 $V_1＝34.12$ mL＞$V_2＝23.66$ mL, 所以,混合碱中含有 NaOH 和 Na_2CO_3。

$$Na_2CO_3\%＝\frac{23.66\times10^{-3}\times0.2785\times105.99}{0.9476}\times100\%\approx73.70\%$$

$$NaOH\%＝\frac{(34.12－23.66)\times10^{-3}\times0.2785\times40.01}{0.9476}\times100\%\approx12.30\%$$

5. 解:因为 $V_2＝27.15$ mL＞$V_1＝21.76$ mL,所以,混合碱中含有 $NaHCO_3$ 和 Na_2CO_3。

$$Na_2CO_3\%＝\frac{21.76\times10^{-3}\times0.1992\times105.99}{0.6524}\times100\%＝70.42\%$$

$$NaHCO_3\% = \frac{0.1992 \times (27.15 - 21.76) \times 10^{-3} \times 84.01}{0.6524} \times 100\% = 13.83\%$$

第五章

一、填空题

1. EDTA

2. $[Y^{4-}]$

3. 1∶1

4. 配合物 MY 的条件稳定常数 K'_{MY}；被测金属离子浓度 $c(M)$

5. 同离子；盐

6. 金属指示剂与被测金属离子形成的配合物的颜色；游离金属指示剂的颜色

7. 增大；酸效应系数

8. $\lg c_M K'_{MY} \geq 6$；$\lg K'_{MY} \geq 8$

二、选择题

1. C　2. B　3. B　4. A　5. B　6. B　7. A　8. C　9. C　10. B　11. D　12. C

13. D　14. B　15. C　16. D　17. A　18. C　19. B　20. D

三、综合题

1. 答：EDTA 与金属离子配位时形成 5 个五元环，具有特殊的稳定性；EDTA 与不同价态的金属离子生成配合物时，配位比简单；生成的配合物易溶于水；EDTA 与无色金属离子配位形成无色配合物，可用指示剂指示终点，EDTA 与有色金属离子配位形成配合物的颜色加深，不利于观察；配位能力与溶液酸度、温度和其他配位剂的存在等有关，外界条件的变化也能影响配合物的稳定性。

2. 答：相同点：都属于滴定分析法；反应均可以定量完成；反应速率较快；以指示剂确定终点；滴定方式相同。

   不同点：酸碱滴定以酸碱反应为基础，配位滴定以配位反应为基础；所用的标准溶液不同；所用的指示剂不同；酸效应不同；测定对象不同。

3. 答：指示剂的封闭现象；指示剂的僵化现象；指示剂的氧化变质现象。

4. 解：$\omega_{ZnCl_2} = \dfrac{cV \times 10^{-3} \times M_{ZnCl_2} \times \dfrac{250.0}{25.00}}{m_s} \times 100\%$

   $= \dfrac{0.01024 \times 17.61 \times 10^{-3} \times 136.3 \times \dfrac{250.0}{25.00}}{0.2500} \times 100\% = 98.31\%$

5. 解：(1) 总硬度 $= \dfrac{cV_{EDTA}M_{CaCO_3}}{V_水 \times 10^{-3}} = \dfrac{0.01060 \times 31.30 \times 100.1}{100.0 \times 10^{-3}} = 332.1(mg/L)$

(2)钙含量 $=\dfrac{cV_{EDTA}M_{CaCO_3}}{V_{水}\times10^{-3}}=\dfrac{0.01060\times19.20\times100.1}{100.0\times10^{-3}}=203.7(mg/L)$

镁含量 $=\dfrac{cV_{EDTA}M_{MgCO_3}}{V_{水}\times10^{-3}}=\dfrac{0.01060\times(31.30-19.20)\times84.32}{100.0\times10^{-3}}=108.1(mg/L)$

6.解：

(1) $\omega_{Fe_2O_3}=\dfrac{\frac{1}{2}cV\times10^{-3}\times M_{Fe_2O_3}}{m_s}\times100\%$

$=\dfrac{\frac{1}{2}\times0.02008\times15.20\times10^{-3}\times159.69}{0.2015}\times100\%=12.09\%$

(2) $\omega_{Al_2O_3}=\dfrac{\frac{1}{2}(c_{EDTA}V_{EDTA}-c_{Cu^{2+}}V_{Cu^{2+}})\times10^{-3}\times M_{Al_2O_3}}{m_s}\times100\%$

$=\dfrac{\frac{1}{2}\times(0.02008\times25.00-0.02112\times8.16)\times10^{-3}\times101.96}{0.2015}\times100\%$

$=8.34\%$

第六章

一、名词解释

1.电极电位：金属浸于电解质溶液中，金属的表面与溶液间产生电位差，这种电位差称为金属在此溶液中的电位或电极电位。

2.标准电极电位：在标准状态下测得的氧化还原电对的电极电位。

3.条件电极电位：在一定介质条件下，氧化态与还原态的浓度比为1时，校正外界因素影响后的实际电极电位。

4.可逆氧化还原电对：在氧化还原反应的任一瞬间都能迅速建立平衡，其实际电势与能斯特公式计算值基本相符的电对称为可逆氧化还原电对。

5.碘量法：以 I_2 为氧化剂或以 KI 为还原剂进行滴定的分析方法称为碘量法。

6.自身指示剂：在氧化还原滴定中，滴定液或待测组分自身氧化态与还原态颜色明显不同，可以利用其两种颜色的变化指示滴定终点，这类指示剂称为自身指示剂。

二、填空题

1.重铬酸钾；草酸钠

2.自身指示剂；特殊指示剂；外用指示剂；不可逆指示剂；氧化还原指示剂

3.间接；直接

4.特殊指示剂（淀粉指示剂）；自身指示剂

5.电子；滴定；化学反应

6. 重铬酸钾;碘化钾;碘

7. 碘化钾

8. $\varphi=\varphi'_{In}\pm\dfrac{0.0592}{n}$;指示剂的条件电势与化学计量点电势接近

9. 强,强

10. 条件电极电位;大

三、选择题

1. B　2. A　3. B　4. C　5. A　6. C　7. B　8. D　9. D　10. C　11. C　12. D

13. A　14. C　15. A　16. A　17. A　18. B　19. B　20. B　21. B　22. C　23. A

24. A　25. B

四、判断题

1. √　2. ×　3. ×　4. ×　5. √　6. √　7. ×　8. √　9. ×　10. √

五、综合题

1. 答:I_2容易挥发和I^-易被空气氧化,是碘量法的两个主要误差来源。

(1)为防止碘的挥发,应采取以下措施:①应加入过量的KI使,其形成I_3^-络离子(同时增大I_2在水中的溶解度);②反应温度不宜过高,一般应在室温下进行;③析出碘的反应最好在带塞子的碘量瓶中进行;④反应完全后立即滴定,且勿剧烈摇动。

(2)为防止I^-的氧化,应注意:一般反应后应立即滴定,且滴定在中性或弱酸性介质中进行。

2. 答:氧化还原滴定的主要依据是:氧化还原滴定过程中,体系中电势的变化在化学计量点附近有一个突跃,以此来判断反应终点。

相似点:化学计量点附近都存在滴定突跃。

不同点:酸碱滴定法变化的是溶液的pH,氧化还原滴定中变化的量是电极电势;酸碱滴定法中影响滴定突跃的因素是酸碱强度和浓度,而在对称的氧化还原滴定中影响滴定突跃的因素是条件电势和反应中的电子转移数。

3. 解:已知两个反应为

$$IO_3^-+5I^-+6H^+\!=\!=\!=3I_2+3H_2O$$
$$I_2+2S_2O_3^{2-}\!=\!=\!=S_4O_6^{2-}+2I^-$$

基准物与被测物物质的量之间的关系为

$$n_{IO_3^-}=\frac{1}{3}n_{I_2}=\frac{1}{6}n_{S_2O_3^{2-}}$$

根据题意　　　$$\frac{m_{KIO_3}}{M_{KIO_3}}=\frac{1}{6}c_{Na_2S_2O_3}V_{Na_2S_2O_3}\times10^{-3}$$

$$c_{Na_2S_2O_3}=6\times\frac{m_{KIO_3}}{M_{KIO_3}}\times\frac{1}{V_{Na_2S_2O_3}}\times10^{-3}$$

$$=6 \times \frac{0.1500}{214.0} \times \frac{1}{24.00 \times 10^{-3}} = 0.1752 \text{ mol/L}$$

4. 解:已知 $5H_2O_2 + 2MnO_4^- + 6H^+ \rightleftharpoons 5O_2 + 2Mn^{2+} + 8H_2O$

故:

$$\omega_{H_2O_2} = \frac{\frac{5}{2} n_{MnO_4^-} \cdot M_{H_2O_2}}{m} \times 100\%$$

$$= \frac{\frac{5}{2} \times 0.02400 \times 36.82 \times 10^{-3} \times 34.02}{1.010 \times 10.00} \times 100\% = 0.7441\%$$

第七章

一、名词解释

1. **银量法**:利用生成难溶性银盐反应的沉淀滴定法称为银量法。

2. **铬酸钾指示剂法**:以铬酸钾(K_2CrO_4)为指示剂的银量法。

3. **铁铵矾指示剂法**:以铁铵矾[$NH_4Fe(SO_4)_2 \cdot 12H_2O$]为指示剂的银量法。本法分为直接滴定法和返滴定法。

4. **吸附指示剂法**:以吸附剂为指示剂的银量法。

5. **重量分析法**:通过称量物质的某种称量形式的质量来确定被测组分含量的定量分析方法。

6. **沉淀法**:利用沉淀反应使待测组分以难溶化合物的形式沉淀出来,通过称量物质沉淀的称量形式质量来确定被测组分含量的定量分析方法。

7. **挥发法**:利用被测组分的挥发性或可转化为挥发性物质的性质,进行含量测定的方法。挥发法又分为直接法和间接法。

8. **称量形式**:沉淀形式经处理后供最后称量的化学组成。

9. **晶型沉淀**:颗粒直径为 $0.1 \sim 1 \mu m$ 的沉淀。形成沉淀时,相对过饱和度越小,聚集速度越慢,定向速度越快,越易形成晶型沉淀。

二、填空题

1. 低,$\geqslant 2.0$

2. 利用均相沉淀原理,得到大颗粒沉淀

3. 硝基苯

4. 胶体;吸附

5. Ag^+;卤素

6. 同离子;配位

7. 发生化学反应;局部过浓

8. Ca^{2+};Zn^{2+}

9.共沉淀;后沉淀;吸留;偏高

10.洗去吸附在表面的杂质

三、选择题

1. C　2. B　3. A　4. B　5. D　6. A　7. B　8. C　9. C　10. D　11. B　12. B
13. D　14. D　15. C　16. B　17. D　18. B　19. C　20. C　21. C　22. A　23. C
24. D　25. C

四、判断题

1. √　2. √　3. √　4. ×　5. ×　6. ×　7. √　8. ×　9. ×　10. ×

五、综合题

1.解:过量 $AgNO_3$ 的体积　$V = 3.20 \times \dfrac{20.00}{21.00} = 3.05 (\text{mL})$

$$c_{AgNO_3} = \frac{0.1773}{(30.00 - 3.05) \times 10^{-3} \times 58.44} = 0.1126 (\text{mol/L})$$

$$0.1126 \times 20.00 = c_{NH_4SCN} \times 21.00$$

$$c_{NH_4SCN} = 0.1072 \ (\text{mol/L})$$

2.解:

$$\frac{[Cl^-]}{[SCN^-]} = \frac{K_{sp(AgCl)}}{K_{sp(AgSCN)}} = \frac{1.8 \times 10^{-10}}{1.1 \times 10^{-12}} = 164$$

$$\frac{[FeSCN^{2+}]}{[Fe^{3+}][SCN^-]} = K_{FeSCN} = 200$$

$$[SCN^-] = \frac{6.0 \times 10^{-6}}{0.015 \times 200} = 2.0 \times 10^{-6} (\text{mol/L})$$

$$[Cl^-] = 164 \times 2.0 \times 10^{-6} = 3.28 \times 10^{-4} (\text{mol/L})$$

设多消耗 KSCN 的体积为 V mL,则

$$[Cl^-] \times 70 = 0.1 \times V \qquad V = \frac{3.28 \times 10^{-4} \times 70}{0.1} = 0.23 (\text{mL})$$

3.答:在重量分析中,沉淀是经过烘干或灼烧后进行称量的。例如在 SO_4^{2-} 的测定中,以 $BaCl_2$ 为沉淀剂,生成 $BaSO_4$ 沉淀(沉淀形式),该沉淀在灼烧过程中不发生化学变化,最后称量 $BaSO_4$ 的质量,计算 SO_4^{2-} 的含量,$BaSO_4$ 又是称量形式。又如在测定 Mg^{2+} 时,沉淀形式是 $MgNH_4PO_4 \cdot 6H_2O$,灼烧后 $Mg_2P_2O_7$ 却是称量形式。

4.答:共沉淀是指当一种难溶物沉淀从溶液中析出时,溶液中的某些可溶性杂质会被沉淀带下来而混杂于沉淀中的现象。共沉淀使沉淀玷污,它是重量分析中最重要的误差来源之一。后沉淀是由于沉淀速度的差异,在已形成的沉淀上形成第二种不溶物质,这种情况大多发生在特定组分形成的过饱和溶液中。后沉淀所引入的杂质量比共沉淀要多,且随沉淀放置时间的延长而增大。从带入杂质方面来看,共沉淀现象对分析测定是不利的,但在分析化学中往往利用共沉

淀这一现象来富集分离溶液中的某些微量组分,特别是贵金属和稀有元素等。

第八章

一、名词解释

1. 不对称电位:pH 玻璃电极的玻璃膜内外两侧的电位差。

2. 可逆电对:在组成电池外加一个小电压时存在充放电平衡的电对。

3. 指示电极:电极的电位值随溶液中待测离子浓度的变化而变化的电极。

4. 参比电极:电位固定不变,不受溶液组成变化影响的电极称为参比电极。

5. 永停滴定法:测量时把两个相同的指示电极插入被测溶液中,在两个电极间外加一个小电压,通过滴定过程中两个电极的电流变化确定终点的方法。

6. 直接电位法:根据电极电位测量值直接求算被测物含量的方法。

7. 电位滴定法:应用滴定方法,根据滴定过程中电极电位的变化确定滴定终点,求算被测物含量的方法。

二、填空题

1. 电解法;电导法;电位法;伏安法

2. 饱和甘汞电极;氢电极

3. 电流

4. 24 h;减少不对称电位

5. 直接电位法;电位滴定法

6. 双铂电极;电流变化

三、选择题

1. C 2. B 3. D 4. C 5. A 6. C 7. D 8. A 9. D 10. C 11. D 12. C
13. B 14. D 15. D 16. A 17. B 18. C 19. C 20. B 21. B 22. A 23. A
24. B 25. C

四、综合题

1. 答:电位滴定法是在滴定过程中通过测量电位变化来确定滴定终点的方法。电位滴定法靠电极电位的突跃来指示滴定终点。在滴定到达终点前后,滴液中的待测离子浓度往往连续变化 n 个数量级,引起电位的突跃,被测成分的含量仍然通过消耗滴定剂的量来计算。

永停滴定法,又称双安培滴定法,或双电流滴定法,是根据滴定过程中电流的变化确定滴定终点的方法,属于电流滴定法。

从上面的定义不难看出,二者的原理完全不同。前者根据电位变化确定滴定终点,后者根据电流的变化确定滴定终点。但是电位和电流又有相互关系,从本质上说,二者又有密不可分的依赖关系。

2.答:不能。因为玻璃电极的内阻(50～500 mΩ)很高,若采用普通电位计或伏特计测量其电位,则会引起较大的测量误差。用普通电位计或伏特计测量玻璃电极所组成电池的电动势时,若检流计的灵敏度为 10^{-9} A(测量中有 10^{-9} A 电流通过),玻璃电极的内阻为 10^8 Ω,当微小电流流经电极时,由于电压降所引起的电动势,测量误差可达: $\Delta E = IV = 10^{-9} \times 10^8 = 0.1(V)$,它相当于 1.7 个 pH 单位的误差。因此,不能用普通电位计或伏特计测量参比电极和 pH 玻璃电极所组成电池的电动势。

第九章

一、名词解释

1.强带:在 UV 吸收光谱中,凡摩尔吸光系数值大于 10000 的吸收峰称为强带。

2.吸收光谱:当辐射通过吸光物质时,物质的原子或分子吸收与其能级跃迁相应的能量,由低能态跃迁至高能态而得到的光谱。

3.Lambert-Beer 定律:当一束平行单色光通过均匀的非散射溶液时,溶液对光的吸光度与溶液的浓度及厚度的乘积成正比。

4.透光率:透过样品的光强度与入射光强度之比。

5.吸光度:透光率的负对数。

6.摩尔吸光系数:在一定波长下,溶液中吸光物质浓度为 1 mol/L,液层厚度为 1 cm的吸光度。用 ε 表示,单位为 L/(cm・mol)。

7.百分吸光系数:在一定波长下,溶液中吸光物质浓度为 1%(W/V),液层厚度为 1 cm 的吸光度。用 $E_{1\,cm}^{1\%}$ 表示,单位为 mL/(cm・g)。

8.生色团:有机化合物结构中含有 $\pi \rightarrow \pi^*$ 或 $n \rightarrow \pi^*$ 跃迁的基团,即在紫外或可见区产生吸收的基团。

9.助色团:有机化合物结构中杂原子的饱和基团,与生色团或饱和烃相连时,使相连生色团或饱和烃紫外吸收向长波长方向移动或产生紫外吸收,并使吸收强度增加的基团。

10.红移:由于结构或实验条件的变化,使吸收峰向长波长方向移动的现象称为红移。

二、填空题

1.400～760 nm;200～400 nm

2.增大;不变

3.不变;不变

4.吸光能力;大(小);灵敏(不灵敏)

5.0.680;20.9%

6. 定性分析;定量分析

7. 溶液浓度;光程长度;入射光的强度

8. 单色性;化学变化

9. 被测物质的最大吸收;最大吸收波长处的摩尔吸光系数最大,测定时灵敏度最高

10. 空白溶液;试样溶液

11. 浓度;吸光度;一条直线

三、选择题

1. D 2. C 3. B 4. B 5. C 6. D 7. B 8. B 9. D 10. C 11. B 12. A
13. D 14. D 15. A 16. A 17. C 18. B 19. C

四、综合题

1. 答:朗伯—比耳定律的物理意义:当一束平行单色光垂直通过某溶液时,溶液的吸光度 A 与吸光物质的浓度 c 及液层厚度 l 成正比。

Lambert-Beer 定律的一个重要前提是单色光,也就是说,物质对单色光吸收的强弱与吸收光物质的浓度和厚度有一定的关系。物质对非单色光吸收的强弱与物质的浓度关系不确定,不能提供准确的定性定量信息。

浓度 c 与吸光度 A 的线性关系发生偏离的主要因素:

(1)定律本身的局限性:该定律适用于浓度小于 0.01 mol/L 的稀溶液,减免:将测定液稀释至小于 0.01 mol/L 后再测定。

(2)化学因素:溶液中发生电离、酸碱反应、配位及缔合反应而改变吸光物质的浓度等,导致偏离 Lambert-Beer 定律。减免:选择合适的测定条件和测定波长。

(3)光学因素:非单色光的影响,减免:选用较纯的单色光;选 l_{max} 的光作为入射光。

杂散光的影响,减免:选择远离末端吸收的波长测定。

散射光和反射光,减免:空白溶液对比校正。

非平行光的影响,减免:双波长法。

2. 答:紫外—可见分光光度计的基本结构由五个部分组成,即光源、单色器、吸收池、检测器和信号指示系统。

(1)光源:常用的光源有热辐射光源和气体放电光源两类。热辐射光源用于可见光区,如钨丝灯和卤钨灯;气体放电光源用于紫外光区,如氢灯和氘灯。

(2)单色器:单色器一般由入射狭缝、准光器(透镜或凹面反射镜使入射光成平行光)、色散元件、聚焦元件和出射狭缝等几部分组成。其核心部分是色散元件,起分光的作用,主要有棱镜和光栅。

(3)吸收池:一般有石英和玻璃材料两种。石英池适用于可见光区及紫外光区,玻璃吸收池只能用于可见光区。

(4)检测器:常用的检测器有光电池、光电管和光电倍增管等。

(5)信号指示系统:常用的信号指示装置有直读检流计、电位调节指零装置以及数字显示或自动记录装置等。

3.解:由 $A=-\lg T=-\lg \dfrac{I}{I_0}=Ecl$

$$E_{1\,cm}^{1\%}=\frac{A}{cl}=\frac{0.483\times1000}{0.4300\times1}=1123\,[\mathrm{mL/(g\cdot cm)}]$$

$$\varepsilon=\frac{M}{10}\cdot E_{1\,cm}^{1\%}=\frac{236}{10}\times1123=2.65\times10^4\,[\mathrm{L/(mol\cdot cm)}]$$

4.解:由 $A=-\lg T=-\lg \dfrac{I}{I_0}=Ecl$

$$c=\frac{A}{El}=\frac{0.498}{560\times1}=8.89\times10^{-4}\,(\mathrm{g/100\ mL})$$

$$\text{维生素 C 的百分质量分数}=\frac{8.89\times10^{-4}}{0.0500\times\dfrac{2}{100}}\times100\%=88.9\%$$

5.解:由维生素 B_{12} 对照品计算 $\lambda=361$ nm 的百分吸收系数 $E_{1\,cm}^{1\%}$:

$$E_{1\,cm}^{1\%}=\frac{A}{cl}=\frac{0.414}{\dfrac{20.0}{1000}\times\dfrac{100}{1000}\times1}=207[\mathrm{mL/(g\cdot cm)}]$$

$$\text{维生素 }B_{12}\text{原料药的百分质量分数}=\frac{\dfrac{A}{El}}{c_{\text{原料}}}\times100\%=\frac{\dfrac{0.390}{(207\times1)}}{\dfrac{20.0}{(1000\times10)}}\times100\%=94.2\%$$

维生素 B_{12} 注射液的浓度:

$$c=\frac{A}{El}=\frac{0.510}{207\times1}\times\frac{10}{100}=2.46\times10^{-4}\,(\mathrm{g/mL})=0.246(\mathrm{mg/mL})$$

第十章

一、填空题

1.荧光光谱;激发光谱

2.光源;单色器;吸收池;检测器

3.当其他条件一定时,荧光物质在稀溶液中的荧光强度 F 与浓度呈线性关系

4.稀溶液

5.在荧光发射前,激发态分子因经振动驰豫或内部转换等无辐射能量过程而消耗了部分能量

二、选择题

1.B　2.A　3.B　4.A　5.C　6.D　7.A　8.D　9.A　10.B　11.C　12.B

13.B　14.C　15.D

三、简答题

1. 答:(1)温度:物质的荧光随温度降低而增强。

(2)溶剂:一般情况下,荧光波长随着溶剂极性的增大而长移,荧光强度也有所增强。溶剂如能与溶质分子形成稳定氢键,则荧光强度减弱。

(3)pH:荧光物质本身是弱酸或弱碱时,溶液的 pH 对该荧光物质的荧光强度有较大影响。

(4)荧光熄灭剂:荧光熄灭是指荧光物质分子与溶剂分子或溶质分子的相互作用引起荧光强度降低或荧光强度与浓度不呈线性关系的现象。引起荧光熄灭的物质称为荧光熄灭剂。

(5)散射光的干扰:包括瑞利光和拉曼光,对荧光测定有干扰。

2. 答:配位滴定:利用铝与 EDTA 的配位反应进行滴定分析,因铝与 EDTA 的反应速率比较缓慢,而且铝对指示剂有封闭作用,因此铝的测定一般用 EDTA 作为标准溶液,用返滴定法或置换滴定法测定。

仪器分析法:利用铝离子与有机试剂如桑色素组成能发荧光的配合物,通过检测配合物的荧光强度来测定铝离子的含量。另外,还可采用原子吸收分光光度法或原子发射光谱法进行测定。

第十一章

一、名词解释

1. 红外吸收光谱:物质吸收红外线,引起分子振动能级和转动能级跃迁而产生的光谱。

2. 伸缩振动:使键长沿键轴方向发生周期性变化的振动。

3. 弯曲振动:使键角发生周期性变化的振动。

4. 振动自由度:分子的基本振动数目。

5. 简并:振动形式不同但振动频率相同而合并的现象。

6. 红外非活性振动:不能吸收红外线发生能级跃迁的振动。

7. 基频峰:前者指分子吸收一定的红外线振动能级由基态跃迁到第一激发态所产生的吸收峰。

8. 相关峰:由一个官能团所产生的一组相互依存的特征峰。

9. 特征区:红外光谱中,$4000\sim1250\ cm^{-1}$ 的高频区。

10. 指纹区:红外光谱中,$1250\sim400\ cm^{-1}$ 的低频区。

二、填空题

1. 近红外区;$2.5\sim50\ \mu m$;$50\sim1000\ \mu m$

2. 分子的基本振动数目;$3n-5$;$3n-6$

3. 大;小

4. 官能团;指纹

5. 伸缩振动;弯曲振动

6. 位置;强度

三、选择题

1. B　2. C　3. D　4. B　5. A　6. B　7. A　8. D　9. B　10. C　11. C　12. A

13. B　14. C　15. D　16. D　17. B　18. D　19. C　20. D

四、简答题

1. 答:条件:激发能与分子的振动能级差相匹配,同时有偶极矩的变化。

并非所有的分子振动都会产生红外吸收光谱,具有红外吸收活性,只有发生偶极矩的变化时才会产生红外光谱。

2. 答:首先是吸收原理不一样,红外光谱产生的原因是分子振动,吸收的能级较低,吸收光的范围在红外区,而紫外—可见光谱产生的原因是分子内电子跃迁,能级稍高,吸收光的范围在紫外可见区;其次是仪器、光谱表达不一样;还有是用途不一样,红外光谱用于判断化合物的结构、官能团等,紫外—可见光谱用于判断化合物的共轭情况以及定量分析。

3. 答:在 IR 光谱中,频率位于 $1350\sim650\ cm^{-1}$ 的低频区称为指纹区。指纹区的主要价值在于表示整个分子的特征,因而适用于与标准谱图或已知物谱图的对照,以得出未知物与已知物是否相同的准确结论,任何两个化合物的指纹区特征都是不相同的。

第十二章

一、填空题

1. 基态原子蒸气

2. 雾化器;雾化室;燃烧器;火焰

3. 用锐线光源测定的吸光度只是原子吸收和背景的总吸光度,而用氘灯测定的吸光度仅为背景吸收值,因为连续光谱被基态原子的吸收只相对于总吸光度,可以忽略不计,仪器上直接显示出两次测定的吸光度之差,即经过背景校正(扣除背景)后的吸光度值

4. 光源;原子化系统;分光系统;检测系统

5. 特征共振线

6. 火焰原子化器;石墨炉原子化器

7. 工作曲线法;标准加入法

三、选择题

1. B　2. D　3. A　4. C　5. D　6. C　7. D　8. A　9. B　10. C　11. A　12. A

13. D　14. C　15. C　16. B　17. B　18. B

三、简答题

1. 答:原子吸收分光光度法对光源的基本要求是光源发射线的半宽度应小于吸收线的半宽度;发射线中心频率恰好与吸收线中心频率 ν_0 相重合。

原子吸收法的定量依据是比尔定律,而比尔定律只适应于单色光,并且只有当光源的带宽比吸收峰的宽度窄时,吸光度和浓度的线性关系才成立。然而,即使使用一个质量很好的单色器,其所提供的有效带宽也要明显大于原子吸收线的宽度。若采用连续光源和单色器分光的方法测定原子吸收,则不可避免地出现非线性校正曲线,且灵敏度很低。故原子吸收光谱分析中要用锐线光源。

2. 答:原子吸收分光光度计由光源、原子化系统、分光系统和检测系统四部分组成。

光源的功能是发射被测元素的特征共振辐射;原子化系统的功能是提供能量,使试样干燥、蒸发和原子化;分光系统的功能是将所需要的共振吸收线分离出来;检测系统的功能是将光信号转换成电信号,然后显示和记录结果。

3. 答:可见分光光度计的分光系统的作用是将来自光源的连续光谱按波长顺序色散,并从中分离出一定宽度的谱带与物质相互作用,因此,可见分光光度计的分光系统一般放在吸收池的前面。

原子吸收分光光度计的分光系统的作用是将所需要的共振吸收线分离出来,避免临近谱线干扰。为了防止原子化时产生的辐射不加选择地都进入检测器,以及避免光电倍增管的疲劳,单色器通常配置在原子化器之后。

第十三章

一、名词解释

1. 色谱法:依据物质的性质不同,当流动相携带样品流经固定相时,样品中各组分就会在两相间不断地进行分配,最终实现分离与提纯,以便进行定性与定量分析的方法。

2. 柱色谱法:在色谱柱内进行的一种色谱法。

3. 薄层色谱法:将固定相均匀地铺在光洁的玻璃板上以形成薄层,然后在薄层上进行分离并进行定性与定量分析的方法。

4. 纸色谱法:以滤纸作为载体的色谱法。

5. 分配系数(k):在一定温度和压力下,溶质在两相间的分配达到平衡时的浓度比。

6. 载体:在分配色谱中,用来固定固定相的物质称为载体,其本身不具有吸附性。

7. 比移值:薄层色谱法中原点到斑点中心的距离与原点到溶剂前沿的距离的比值。

8. 交联度:离子交换树脂中交联剂的含量,常以重量百分比表示。

9. 梯度洗脱:在一个分析周期内,按一定程度不断改变流动相的浓度配比或 pH 等。

10. 化合键合相:将固定相的官能团通过化学反应键合到载体表面,这样制得的固定相称为化学键合相。

二、填空题

1. 柱色谱;平面色谱

2. 硅胶 G

3. 0～1;0.2～0.8;0.3～0.5;1;1

4. 上行展开;平面展开;双向展开

5. 保留时间;死时间;调整保留时间;保留体积;死体积;调整保留体积

6. 硫酸溶液;碘

7. 水

8. 被分离组分在固定相与移动相间不断分配

9. 装柱;加样;洗脱

三、选择题

1. D   2. D   3. B   4. D   5. C   6. D   7. D   8. B   9. B   10. B   11. B   12. D
13. A   14. B

四、简答题

1. 答:(1)色谱法的突出特点是具有很强的分离能力。色谱法成为许多分析工作的先决条件和必要步骤。

(2)近 20 年来,随着与色谱法相关的一系列技术,如填料与柱制备技术、仪器一体化技术、检测器技术、数据处理技术的发展与创新,色谱法已具有分离效益高、分析速度快、样品用量少、灵敏度高、分离和测定一次完成、易于自动化等优点。

2. 答:不同的物质有着不同的分配系数。K 值越小的组分,在柱中移动的速度越快,即保留时间越短,将先流出色谱柱;K 值越大的组分,在柱中移动的速度越慢,即保留时间越长,则后流出色谱柱。因此,当流速一定时,各组分的保留时间 t_R 取决于各组分的分配系数 K,K 值越大,t_R 越长,流出色谱柱越慢;K 值越小,t_R 越短,流出色谱柱越快。

第十四章

一、名词解释

1. 色谱流出曲线:经色谱柱分离后的样品组分通过检测器时所产生的电压强度随时间变化的曲线图。

2. 基线:在操作条件下,没有组分流出时的流出曲线。稳定的基线应是一条平行于横轴的直线。

3. 死时间:由进样器至检测器的路途中,未被固定相占有的空间称为死时间。

4. 标准差:正态分布曲线上两拐点间距离的一半称为标准差(σ)。正常峰的 σ 为峰高的 0.607 倍处的峰宽之半。

5. 保留体积:从进样开始到某个组分流出色谱柱达到最高浓度时所通过色谱柱的载气体积称为该组分的保留体积。

6. 分离度:相邻两组分色谱峰的保留时间之差与两组分色谱峰基线宽度总和之半的比值,即:$R = \dfrac{t_{R_2} - t_{R_1}}{(W_1 + W_2)/2} = \dfrac{2(t_{R_2} - t_{R_1})}{W_1 + W_2}$

7. 塔板高度:塔板理论假设把色谱柱看作一个具有许多塔板的分馏塔,在每块塔板的间隔内,样品混合物在气液两相中产生分配并达到平衡,每块塔板的间隔称为塔板高度,理论塔板高度 $H = L/n$。

8. 外标法:用待测组分的纯品作对照物,与对照物和试样中待测组分的响应信号相比较进行定量的方法称为外标法。此法分为标准曲线法和外标一点法。

9. 峰面积:色谱峰与基线所包围的面积称为峰面积,常用于定量分析。

10. 调整保留时间:保留时间与死时间之差称为调整保留时间。

二、填空题

1. 塔板

2. 分子扩散;大

3. 死时间

4. 分配系数;容量因子

5. 理论塔板数;分离度

6. 气路系统;进样系统;分离系统;温度控制系统;检测和记录系统

7. 容量因子;容量比;在一定温度和压力下当两相间达到分配平衡时,被分析组分在固定相和流动相中的质量比

8. TCD;ECD;FID;FPD;氢气或氮气;大多数有机物;有电负性的物质

三、选择题

1. A　2. D　3. D　4. A　5. C　6. B　7. D　8. A　9. D　10. A　11. C　12. A
13. A　14. C　15. B

四、判断题

1. ×　2. √　3. ×　4. √　5. ×　6. √　7. ×　8. ×　9. ×　10. ×

五、简答题

1. 答:借在两相间分配原理而使混合物中各组分分离。气相色谱就是根据组分与固定相和流动相的亲和力不同而实现分离。组分在固定相与流动相之间不断地进行溶解、挥发或吸附、解吸过程而相互分离,然后进入检测器进行检测。

2. 答:基本设备包括气路系统、进样系统、分离系统、温度控制系统以及检测和记

录系统。

气相色谱仪具有一个让载气连续运行的管路密闭的气路系统。

进样系统包括进样装置和气化室,其作用是将液体或固体试样在进入色谱柱前瞬间气化,然后快速定量地转入色谱柱中。

3.答:固定相改变会引起分配系数的改变,因为分配系数只与组分的性质及固定相与流动相的性质有关。所以:柱长缩短不会引起分配系数改变;固定相改变会引起分配系数改变;流动相流速增加不会引起分配系数改变;相比减少不会引起分配系数改变。

4.答:分离度同时体现了选择性与柱效能,即热力学因素和动力学因素,将实现分离的可能性和现实性结合起来。

第十五章

一、选择题

1. C　2. B　3. A　4. B　5. C　6. B　7. B　8. B　9. B　10. A　11. D　12. C
13. B　14. C　15. C　16. C　17. B　18. D

二、判断题

1. ×　2. √　3. √　4. √　5. ×　6. √　7. ×　8. ×　9. √　10. √

三、简答题

1.答:高效液相色谱仪所用溶剂在放入贮液罐之前必须经过 $0.45~\mu m$ 滤膜过滤,除去溶剂中的机械杂质,以防输液管道或进样阀产生阻塞现象。所有溶剂在上机使用前必须脱气;因为色谱柱是带压力操作的,检测器是在常压下工作。若流动相中所含有的空气不除去,则流动相通过柱子时,其中的气泡受到压力而压缩,流出柱子进入检测器时因常压而将气泡释放出来,造成检测器噪声增大,使基线不稳,仪器不能正常工作,这在梯度洗脱时尤其突出。

2.答:高效液相色谱的定量方法与气相色谱定量方法类似,主要有归一化法、外标法和内标法。其中内标法是比较精确的定量方法。它是将已知量的内标物加到已知量的试样中,在进行色谱测定后,待测组分峰面积和内标物峰面积之比等于待测组分的质量与内标物质量之比,求出待测组分的质量,进而求出待测组分的含量。

参考文献

[1] 蒋晔主编. 分析化学学习指导与习题集[M]. 北京：人民卫生出版社，2007.

[2] 潘国石主编. 分析化学学习指导与习题集，第二版[M]. 北京：人民卫生出版社，2010.

[3] 雷丽红主编. 分析化学实验，第二版[M]. 北京：中国医药科技出版社，2003.

[4] 谢庆娟，李维斌主编. 分析化学，第二版[M]. 北京：人民卫生出版社，2013.

[5] 李发美主编. 分析化学[M]. 北京：人民卫生出版社，2003.

[6] 李发美主编. 分析化学学习指导[M]. 北京：人民卫生出版社，2004.

[7] 曾允儿，张凌主编. 分析化学习题集[M]. 北京：科学出版社，2007.

[8] 赵怀清主编. 分析化学学习指导与习题集，第二版[M]. 北京：人民卫生出版社，2012.

[9] 谢庆娟主编. 分析化学实验[M]. 北京：人民卫生出版社，2003.

[10] 谢庆娟主编. 分析化学学习指导[M]. 北京：人民卫生出版社，2003.

[11] 孙毓庆主编. 分析化学习题集，第二版[M]. 北京：人民卫生出版社，2004.

[12] 邱细敏主编. 分析化学，第三版[M]. 北京：中国医药科技出版社，2012.

[13] 孙毓庆主编. 分析化学实验[M]. 北京：科学出版社，2004.

[14] 曾允儿，张凌主编. 分析化学实验[M]. 北京：科学出版社，2007.

[15] 邹学贤主编. 分析化学实验[M]. 北京：人民卫生出版社，2006.

[16] 黄世德，梁生旺主编. 分析化学实验[M]. 北京：中国中医药出版社，2005.